中国科协学科发展研究系列报告

中国科学技术协会 / 主编

2016—2017 建筑学学科发展报告

中国建筑学会 ｜ 编著

REPORT ON ADVANCES IN ARCHITECTURE

中国科学技术出版社
· 北　京 ·

图书在版编目（CIP）数据

2016—2017 建筑学学科发展报告 / 中国科学技术协会主编；中国建筑学会编著 . —北京：中国科学技术出版社，2018.3

（中国科协学科发展研究系列报告）

ISBN 978-7-5046-7942-0

Ⅰ. ① 2… Ⅱ. ①中… ②中… Ⅲ. ①建筑学—学科发展—研究报告—中国— 2016—2017 Ⅳ. ① TU-0

中国版本图书馆 CIP 数据核字（2018）第 045132 号

策划编辑	吕建华　许　慧
责任编辑	李双北
装帧设计	中文天地
责任校对	杨京华
责任印制	马宇晨

出　　版	中国科学技术出版社
发　　行	中国科学技术出版社发行部
地　　址	北京市海淀区中关村南大街16号
邮　　编	100081
发行电话	010-62173865
传　　真	010-62179148
网　　址	http://www.cspbooks.com.cn

开　　本	787mm × 1092mm　1/16
字　　数	255千字
印　　张	12
版　　次	2018年3月第1版
印　　次	2018年3月第1次印刷
印　　刷	北京盛通印刷股份有限公司
书　　号	ISBN 978-7-5046-7942-0 / TU · 115
定　　价	70.00元

2016—2017

建筑学学科发展报告

首席科学家　王建国

专家组成员　（按姓氏笔画排序）

马　琰　王　正　王立雄　王昭雨　王海宁
石　邢　丛　勐　吕　舟　朱文一　朱　渊
伍止超　华　好　庄惟敏　刘东卫　刘加平
孙诗萌　李　力　李　飚　宋　昆　张军军
张　宏　张　颀　张　悦　张　愚　张睿哲
陈　天　陈景衡　林波荣　罗佳宁　周政旭
单　军　屈　雯　侯建群　秦　姗　徐小东
徐卫国　唐　芃　曹　磊　常　青　崔小平
韩冬青　曾　坚　雷振东　虞　刚　鲍　莉
臧鑫宇

党的十八大以来，以习近平同志为核心的党中央把科技创新摆在国家发展全局的核心位置，高度重视科技事业发展，我国科技事业取得举世瞩目的成就，科技创新水平加速迈向国际第一方阵。我国科技创新正在由跟跑为主转向更多领域并跑、领跑，成为全球瞩目的创新创业热土，新时代新征程对科技创新的战略需求前所未有。掌握学科发展态势和规律，明确学科发展的重点领域和方向，进一步优化科技资源分配，培育具有竞争新优势的战略支点和突破口，筹划学科布局，对我国创新体系建设具有重要意义。

2016 年，中国科协组织了化学、昆虫学、心理学等 30 个全国学会，分别就其学科或领域的发展现状、国内外发展趋势、最新动态等进行了系统梳理，编写了 30 卷《学科发展报告（2016—2017）》，以及 1 卷《学科发展报告综合卷（2016—2017）》。从本次出版的学科发展报告可以看出，近两年来我国学科发展取得了长足的进步：我国在量子通信、天文学、超级计算机等领域处于并跑甚至领跑态势，生命科学、脑科学、物理学、数学、先进核能等诸多学科领域研究取得了丰硕成果，面向深海、深地、深空、深蓝领域的重大研究以“顶天立地”之态服务国家重大需求，医学、农业、计算机、电子信息、材料等诸多学科领域也取得长足的进步。

在这些喜人成绩的背后，仍然存在一些制约科技发展的问题，如学科发展前瞻性不强，学科在区域、机构、学科之间发展不平衡，学科平台建设重复、缺少统筹规划与监管，科技创新仍然面临体制机制障碍，学术和人才评价体系不够完善等。因此，迫切需要破除体制机制障碍、突出重大需求和问题导向、完善学科发展布局、加强人才队伍建设，以推动学科持续良性发展。

近年来，中国科协组织所属全国学会发挥各自优势，聚集全国高质量学术资源和优秀人才队伍，持续开展学科发展研究。从 2006 年开始，通过每两年对不同的学科（领域）分批次地开展学科发展研究，形成了具有重要学术价值和持久学术影响力的《中国科协学科发展研究系列报告》。截至 2015 年，中国科协已经先后组织 110 个全国学会，开展了 220 次学科发展研究，编辑出版系列学科发展报告 220 卷，有 600 余位中国科学院和中国工程院院士、约 2 万位专家学者参与学科发展研讨，8000 余位专家执笔撰写学科发展报告，通过对学科整体发展态势、学术影响、国际合作、人才队伍建设、成果与动态等方面最新进展的梳理和分析，以及子学科领域国内外研究进展、子学科发展趋势与展望等的综述，提出了学科发展趋势和发展策略。因涉及学科众多、内容丰富、信息权威，不仅吸引了国内外科学界的广泛关注，更得到了国家有关决策部门的高度重视，为国家规划科技创新战略布局、制定学科发展路线图提供了重要参考。

十余年来，中国科协学科发展研究及发布已形成规模和特色，逐步形成了稳定的研究、编撰和服务管理团队。2016—2017 学科发展报告凝聚了 2000 位专家的潜心研究成果。在此我衷心感谢各相关学会的大力支持！衷心感谢各学科专家的积极参与！衷心感谢编写组、出版社、秘书处等全体人员的努力与付出！同时希望中国科协及其所属全国学会进一步加强学科发展研究，建立我国学科发展研究支撑体系，为我国科技创新提供有效的决策依据与智力支持！

当今全球科技环境正处于发展、变革和调整的关键时期，科学技术事业从来没有像今天这样肩负着如此重大的社会使命，科学家也从来没有像今天这样肩负着如此重大的社会责任。我们要准确把握世界科技发展新趋势，树立创新自信，把握世界新一轮科技革命和产业变革大势，深入实施创新驱动发展战略，不断增强经济创新力和竞争力，加快建设创新型国家，为实现中华民族伟大复兴的中国梦提供强有力的科技支撑，为建成全面小康社会和创新型国家做出更大的贡献，交出一份无愧于新时代新使命、无愧于党和广大科技工作者的合格答卷！

2018 年 3 月

《2016—2017 建筑学学科发展报告》是“中国科协 2016—2017 学科发展研究项目”的重要组成部分，是中国建筑学会学术建设的重要内容。2016 年 3 月，中国建筑学会组织行业专家和学者正式启动本学科发展报告的编写工作。

《2016—2017 建筑学学科发展报告》包括综合报告，新型城镇化背景下的城市设计、全球化进程中的中国建筑文化、应对全球气候变化的建筑环境可持续发展、城乡统筹发展背景下乡村建设、信息化时代建筑数字技术、产业现代化背景下的建筑工业化六个方面的专题报告。本报告涵盖了我国建筑学领域当下关注的核心问题，特别对城市设计、建筑文化、可持续建筑环境、乡村建设、建筑数字技术、建筑工业化等方面近些年来所取得的学术成果、科技进步和工程实践进行了梳理和总结，内容丰富、翔实，全面客观地反映了我国建筑学领域的学术和科技发展水平。

本报告的首席科学家由中国工程院院士、东南大学王建国教授担任。参与学科发展报告编写的专家学者投入了大量精力，多次召开专题讨论会，听取各方面的意见和建议，在短时间内高效率地完成了学科发展报告的编写任务，体现了建筑学领域科技工作者高度的社会责任感和无私奉献的科学精神。在此，特向参与报告编写的所有人员表示真诚的感谢。

我们相信，《2016—2017 建筑学学科发展报告》能为广大建筑行业科技工作者提供参考，为行业管理部门制定相关科技政策提供依据。

由于水平有限，不当之处，敬请广大读者谅解并指正。

中国建筑学会

2017 年 12 月

综合报告

专题报告

ABSTRACTS

Comprehensive Report

Reports on Special Topics

综合报告

建筑学学科发展报告

一、引言

建筑学（Architecture）是研究建筑物及其内外空间与环境的学科，通常情况下，是指与设计和建造相关的艺术与技术的总和，区别于建设相关的技艺。建筑学是具有社会性质、技术性质、艺术性质等多重属性的综合性学科，在不同时期根据不同的社会现实不断拓展学科领域，不断提升和改善人居环境。传统的建筑学研究建筑物、建筑群以及室内家具的设计，风景园林和城市乡村的规划设计。随着学科的发展，城乡规划学和风景园林学从建筑学中分化出来，成为与之并列的一级学科。在社会发展过程中，建筑学与风景园林学及城乡规划学三者的融合，是学科研究领域扩展的必然结果。

建筑学的内涵和外延是不断发展的，研究领域和方向更为丰富，但其围绕不断提升和改善人居环境的定位未变。

（一）综合报告的背景与主题概述

2016 年发布的《中共中央国务院关于进一步加强城市规划建设管理工作的若干意见》，明确提出按照“适用、经济、绿色、美观”的建筑方针，建立大型公共建筑工程后评估制度。在当前国家发展新型城镇化的背景下，城市设计、建筑文化、绿色建筑、新农村建设、建筑数字技术、建筑策划与后评估及建筑产业化等理论与实践的发展成为建筑学科目前需要重点探讨的课题。

我国建筑学科近年的最新研究进展主要集中在城市设计、建筑文化与遗产保护、建筑技术与绿色建筑、乡村建筑设计、数字建筑设计、建筑工业化、建筑策划、建成环境使用后评估、智能建筑等理论与实践方面。

本综合报告主要分析我国建筑学学科近年的最新研究进展、国内外研究进展比较和建筑学发展趋势及展望。建筑学国内外研究进展比较部分以国外建筑学的研究热点与进展的分析总结为基础，结合我国建筑学学科近年的最新研究领域，对建筑学国内外研究进展进行比较分析。建筑学发展趋势及展望部分则以建筑学学科发展的战略需求和建筑学国内外研究进展的比较分析为基础，提出建筑学学科的发展目标与未来发展趋势，最后得出建筑学学科的发展策略及措施。

（二）专题报告主题的选择

本次学科发展专题报告包括新型城镇化背景下的城市设计发展战略研究、全球化进程中的建筑文化发展战略研究、应对全球气候变化的建筑环境可持续发展战略研究、城乡统筹发展背景下乡村建设战略研究、信息化时代建筑数字技术发展战略研究、产业现代化背景下的建筑工业化发展战略研究六个主题。

需要指出的是，我国建筑学近年的研究热点不限于这六个领域，建筑策划理论与方法实践、建成环境使用后评估理论方法与实践、智能建筑理论与实践等方兴未艾。限于篇幅，本次学科发展报告重点论述这六个主题。

1. 新型城镇化背景下的城市设计发展战略研究

2012 年，中国居住在城市区域的人口比例在历史上第一次超过了 50%，而我们的星球也先于中国进入了城市时代。在中国史无前例的城市化进程中，相当多的中国城市都不同程度地经历了城市规模的急剧扩张，城市的功能结构、空间环境、街廓肌理乃至社会关系均发生了显著的变化，出现了一系列“城市病”，而所有这些都直接发生在城市多重尺度，特别是在城市的大尺度空间形态上。2013 年，中央城镇化工作会议确立了中国特色新型城镇化发展的基本思路；2015 年，中央城市工作会议明确了如何发挥城市设计作用的战略发展课题；2016 年，《中共中央国务院关于进一步加强城市规划建设管理工作的若干意见》发布。在当前新型城镇化的背景下，城市设计成为建筑学科重点探讨的课题。

2. 全球化进程中的中国建筑文化发展战略研究

近年来，在求新求变的当代建筑思潮掌握话语权的时代背景下，建筑界讨论最多的有两大话题，一是如何批判性地反思建筑现代性和现代主义的激进建筑文化，二是如何批判性地传承和复兴建筑地域性和历史主义的传统建筑文化，也就是如何看待和调适历史与现实、保护与传承、传统与未来的矛盾与冲突。从建筑文化的学术讨论和争鸣内容上，可以将这两个话题大致划分为四个议题：①对现代主义建筑批判性继承的论述；②对现代之前传统建筑文化的再认识和再提炼，表现为对传统、地域性、身份识别性的新探究；③对建筑创新问题的理论探讨；④对全球在地（glocalization），地域性和人本主义的讨论。在全球化的背景下，建筑文化发展战略的研究成为建筑学科发展的重要课题。

3. 应对全球气候变化的建筑环境可持续发展战略研究

20 世纪以来，世界范围内的工业革命迅速改变了人类的生活，但同时也对自然环境造成了更多的破坏，导致全球性的气候变化，各种极端天气和自然灾害频发，给人类的生存环境带来了严重威胁。21 世纪，为应对全球气候变化带来的挑战，世界各国政府和机构发布了众多的策略和行动计划以延缓和适应气候变化趋势。保障建筑环境的可持续发展，有效节约建筑运行能耗、同时显著提升建筑环境品质，采取有效措施应对全球气候变化是建筑学科在未来发展过程中的核心议题。制定城市空间、生态环境、建筑物理环境、综合防灾减灾四个方面的可持续发展战略是建筑学科的重大举措。

4. 城乡统筹发展背景下的乡村建设战略研究

自 2006 年以来，国家在乡村投入了大量的人力物力，先后经历了社会主义新农村建设、新型农村社区建设、美丽乡村建设三个集中发展阶段，同时穿插着传统村落保护、特色小镇建设、扶贫安居工程等一系列重大专项工程，取得了显著的成绩，也带动了学术界的乡建研究热潮。中国正处于跨过城镇化 50% 的关口，仍处于城乡结构根本转型的关键时期，乡村发展需要面对的问题依然严峻，乡村可持续发展的科学路径尚不明晰，乡村相对城市而言，总体仍处于不断衰败的进程之中。党的十九大报告中明确提出了“乡村振兴战略”，城乡统筹背景下的乡村建设是一个复杂的过程，需要长期的研究与创新，任重而道远。

5. 信息化时代建筑数字技术发展战略研究

随着信息数字技术的发展，建筑设计方法处于不断变化的状态，新的技术、新的方法不仅可以得出新的结果，更可能诞生新的设计理念。建筑与信息技术的调节是一个挑战，因为这需要重塑自己的创造力，对建筑师来说可能异常困难。毫无疑问，摒弃传统的感觉来操控设计，而对建筑进行算法设计从而形成一套可行方案，将使建筑学产生深远影响。建筑师与信息技术专家交流建筑问题通常非常困难，甚至不可能做到的，面对异常复杂的学科问题试图以轻松、务实的方式进行数字计算就更是如此。理论上讲，某些算法或许不能提供完全规则的产品或者非常精确的解决方案，但它们依然是非常有效的工具。“思维转变”通常伴随科学进步发生，它被定义于主流思想的过渡、转化、演变和超越，并体现在价值、目标、信仰、理论和方法的变革，进而影响集体性认知。新的理论和模型需要运用崭新的方法来理解传统的理念，方法的探索并不会埋没人们的创造力，而旨在突破固有的局限性，并为设计师提供新的探索与实践方向。在信息化时代，建筑数字技术的发展给建筑学学科发展带来重要的意义。

6. 产业现代化背景下的建筑工业化发展战略研究

十八大报告、《国家中长期科学和技术发展规划纲要（2006—2020 年）》《国家“十二五”科学和技术发展规划》《“十三五”装配式建筑行动方案》和《国务院办公厅关于大力发展装配式建筑的指导意见国办发〔2016〕71 号》等共同指出了“深入发展新型工业化，产业化，信息化，城镇化等社会可持续发展”的国家战略。新型建筑工业化对于我国支柱型产业——建筑业有着重要意义，发展装配式工业化建筑是未来建筑业的重要发展趋势，有利于节能减排、结构优化，有助于产业升级、产业创新。目前，我国在结构技术、建造技术、装配技术、设计技术和工程管理及相关支撑技术等方面与国外相比尚有差距，发展新型建筑工业化需要各高校、各相关学科、产业界和学术界的协同合作。在产业现代化的背景下，发展新型建筑工业化成为重要议题。

二、近年的最新研究进展

（一）城市设计

1. 理论研究与方法探索

2016 年 2 月，《中共中央国务院关于进一步加强城市规划建设管理工作的若干意见》发布，提出了战略性指导意见。随着从国家到地方的高度重视，城市设计正在成为解决上述问题、提升城镇建设水平的重要技术手段和管理支撑。因此，在当前新型城镇化的国家发展背景下，城市设计如何在自身发挥的作用和专业技术支撑方面持续不断地丰富、完善、改进和提升，就成为我们当下需要集思广益和重点探讨的课题。

城市设计主要研究城市空间形态的建构机理和场所营造，是对包括人、自然、社会、文化、空间形态等因素在内的城市人居环境所进行的设计研究、工程实践和实施管理活动。进入现代社会以来，伴随城市化进程，建筑与城市问题的内在性关联日益加深，城市设计突破了以往主要关注物质空间视觉秩序的局限，进入关注人文、社会和城市活力的新阶段。几十年来，中国城市设计领域的专家学者完成了大量的城市设计理论、方法及实践相关的文章，举办了高水平的城市设计国际、国内会议，还出版了不少有关城市设计理论和方法的著作和期刊。

在理论探索上先后出版了《城市建筑》《城市设计》《城市设计的机制和创作实践》和《城市设计实践论》等一些研究论著；探讨中国城市设计理论、方法和实施特点研究的论文不胜枚举。主要反映在城市设计对可持续发展和低碳社会的关注，数字技术发展对城市设计形体构思和技术方法的推动以及当代艺术思潮流变的影响等。当前，中国城市设计发展的学术探索空前活跃，展现出理论方法探索与西方并驾齐驱、工程实践面广量大、技术水平后来居上的发展趋势。

中国城市设计学科构建创新型城市设计理论体系，在价值层面、设计层面、实施途径层面均展开研究。第一，从价值理念层面，充分考虑中国国情与城市建设转型期的特点，建立基于多元参与价值导向的城市设计新范式；第二，从设计方法层面，系统梳理城市设计与交叉学科之间的关系，创造基于多学科整合全过程的城市设计方法平台与体系；第三，从实施途径层面，适应新型城镇化背景下城乡特色塑造具体要求，建构基于整体过程的城市设计和管理的新机制。

2. 实践探索

中国城市设计的实践探索体现出多元价值导向，呈现出绿色城市设计与城乡可持续发展、城市特色保护与有机更新、基于大数据支撑的未来城市设计三个方面。

第一类实践探索是绿色城市设计与城乡可持续发展。从总体战略的角度看，我国城市化进程技术进步和资源配置需要利用适应人类的尺度和特定的国情需要，走一条持续有序的发展道路。关注新型城镇化背景下的能源利用、污染控制和资源的高效整合，以绿色、可持续发展理念指引理论构建和技术协同创新为技术路线，可重点聚焦以下四方面问题。①城乡统筹协调发展原则下的城市设计方法；②城市能源系统构建的关键科学与技术；③应对气候的城市设计策略与决策管理机制；④城市综合管廊与海绵城市设计方法体系。

第二类实践探索是城市特色保护与有机更新。针对当下城市特色危机与传统日渐式微之现状弊端，应对以人为本，传承文化的新型城镇化发展需求，对城镇历史遗产的保护和社区活力的营造是城市特色保护与有机更新的重要策略。基于有机更新、微循环改造、再生设计等理念，从历史性城市、历史街区、文化遗产与传统建筑等层面出发展开研究，形成一套切实可行的城市更新操作规程与导则；同时引入公众参与、社区参与性建设等模式，形成“自下而上”参与式更新的新模式，从而营造社区活力，促进城市特色维护与传承。可以从理论认知、方法建构、策略操作、技术应用等四个方面展开。①在理论认知方面，关注历史性城市和街区的有机更新与动态保护；②在方法建构方面，探索基因文脉延续的城市设计方法；③在策略操作方面，提倡街区与地段的渐进式微循环改造与复兴；④在技术应用方面，开展历史建筑（群）保护的关键技术研发与集成。

第三类实践探索是基于大数据支撑的未来城市设计。未来城市进入以互联网、人工智能、大数据、云计算等一系列以信息化为主要支撑手段的发展阶段，再加上此前的地理空间信息数据集成，针对城市设计与管理大数据领域的大数据特征，建立云端一体化城市设计、管理与建设平台，开发大数据模型库，搭建公众参与的网络化互动平台，构建基于大数据的城市空间发展模型验证、评估与预测等研究，促进城市设计与管理之间的有效衔接，提升城市智能化管理与服务水平。探索包括三个方面：①在背景研究方面，关注大数据时代的城市空间形态发展与学科创新；②在技术研究方面，开展城市设计大数据技术支撑平台与数据模型建构；③在应用研究方面，创建基于大数据支撑的一体化城市设计方法体系。

3. 发展特色

相对于西方发达国家城市设计理论、方法和实践的发展，中国城市设计发展有其自身的特色。从国际视野看，近几十年欧美发达国家因城市化进程趋于成熟而稳定，大规模的城市扩张基本结束，基于经济扩张动力的城市全局性的社会、空间发展和规划机会比较少。从城市设计实践角度看，新千年后西方国家鲜见有大尺度的城市新区开发和建设，较多的是一些城市在产业转型和旧城更新中面临的城市旧区改造项目，也包括一些城市希望通过寻找“催化剂”项目激发城市活力的项目。

中国与西方发达国家的城市发展时段相位的不同导致中西方城市设计实践的不均衡性。20 世纪 90 年代中期以来，中国城市设计项目实践呈现“面广量大”的现象，表现为四大核心内容：概念性城市设计、基于明确的未来城市结构调整和完善目标的城市设计、城镇历史遗产保护和社区活力营造、基于生态优先理念的绿色城市设计。中国的城市设计项目大都具有诉诸实施的可能性，且即使是概念性的城市设计，不少也包含了明确的近期实施的现实要求。不仅如此，中国城市设计项目还具有尺度规模大、内容广泛等特点，因而带有“社会发展、土地管理和资源分配”等与城市规划密切相关的属性。

我国城市建设正面临两个重要的转变，即城市建设从增量发展逐步向存量更新转变，以及城镇化进程从土地城市化向人的城市化的转变。转变与对转变的回应，是中国城市设计理论实践的重要特色。在注重生态文明的背景下，坚持可持续原则、实现绿色城市设计与城乡可持续发展、以及结合遗产保护进行城市特色保护与有机更新，也是近年来的重点研究内容。人工智能、大数据、云计算等以信息化为主要特征的技术发展，也使得近年来基于大数据支撑的城市设计迅速发展。我国的现实国情、历史文化特点以及技术的发展，使得中国城市设计呈现出一定的发展特色。

（二）建筑文化与遗产保护

1. 理论研究与方法探索

“建筑文化”的理论分析有三方面：一是社会文化特质内化于建筑后，所表现出的形貌和气质；二是建筑如何影响人们的空间行为及人际关系；三是对建筑传统与时尚的系统思考、传播及其理论化。

对于建筑传统的内涵示意是重要的理论研究方向。第一，建筑传统会无意识地存在于文化主体的思维和行为习惯中。日常生活的方方面面包含众多传统，并持续地潜移默化地影响设计、思维与行为。不仅仅局限于建筑功能，建筑对于习俗、行为、习惯和氛围的契合，乃至顾虑到多感官的体验，都显得十分重要。建筑传统影响其中的人，人反过来影响空间，这种交互影响交互塑造的作用与机制成为建筑文化研究的重要命题。第二，建筑传统承载着国家和民族文化遗产，有着强烈的身份认同意味。它的保护与传承，包括地域历史身份的继承与传承以及物质与非物质遗产的保护与传续。第三，建筑的传统历史形式的再现。现代的建筑造型表达对历史的缅怀或者满足文化消费的需求。在 30 年大规模的旧城改造期之后，大部分历史城市的历史风貌已然不再。于是，近年来历史城市的建设中出现了建筑设计仿古的风潮，新建的建筑呈现出古代某一时期的建筑风格，在现代改造后的历史城市再现出历史的风格。传统与现代的矛盾与博弈，仿古与再造的补偿价值，历史传统与历史形式提炼为新的意象再现于现代的方式，都是仍待探讨、亟待解决的重要问题，也是建筑文化研究的重要方面。第四，建筑传统的原型意象（archetypal image）研究，是传统底蕴和建筑创作创新的重要内容。可以说“一切原创皆蕴含原型，对原型理解的深度影响着原创的高度”。原创的理论与实践离不开对于原型的探究，以此为出发点，对于建筑设计是有着重要意义的。从新古典到今天，建筑原型问题概括起来就是三种取向：其一，新古典风格化原型，寻求形式再现（representation）；其二，现代古典结构化原型，寻求意象类似（analogy）；其三，异形建筑则解构化原型，寻求陌生反差（contrast），也就是异形化。

建筑传统与时尚的系统思考、传播及其理论化也是建筑文化理论研究重要的组成部分。对于历史建成环境的立场与态度，对现代主义建筑批判性继承的论述，对现代之前传统建筑文化的再认识和再提炼，表现为对传统、地域性、身份识别性的新探究，对建筑创新问题的理论探讨，对全球在地（glocalization），地域性和人本主义的讨论等成为建筑文化领域备受关注的话题。

2. 实践探索

探索新中式和地方性是建筑文化领域的实践探索的重要内容。

改革开放“新时期”开始，西方主导的国际建筑潮流重回中国建筑界的视野，在建筑形式造型的探索和审美价值取向上，逐渐呈现出多元化与多样化。如，北京香山饭店，既吸收了中国古典园林建筑的特点，又体现几何形体的美感，对中国建筑界产生了很大影响。20 世纪 80 年代，中国建筑作品大多注重对于地方传统的保存继承与创新。较为典型的实践项目有上海松江方塔园、北京菊儿胡同改建、福建武夷山庄、南京梅园周恩来纪念馆、甲午战争纪念馆、清华大学图书馆扩建、广州南越王汉墓博物馆、曲阜孔庙阙里宾舍、上海电力大楼、北京国际展览中心等，将中国传统元素与现代主义建筑手法有机结合，将本土传统向现代转化。

此外，民国以来的“中国固有式”或“宫殿式”仍在一定程度上延续着，并进一步发扬与创新。比如陕西省历史博物馆，仿唐宫阙意象，体现了古都西安的独特历史身份。与之相关的北京国家图书馆，则将“宫殿式”变成了轮廓更为挺括的简化“新古典”造型，同样在国内许多城市都有很大影响。

当代主流建筑师中的领军人物更关注于外在的宏观视野和文脉延承，如崔愷的“本土建筑”和孟建民的“本原建筑”理念。而一些当代实验建筑师更倾力于“全球在地”（glocalization）的求新求变，如张永和的“非常建筑”和王澍的“业余建筑”寓意。新世纪以来，建筑审美价值取向进一步多元化。国际时尚潮流和地域文化传统，成为建筑文化实践探索的双重压力。2016 年所涌现出最新的获得“中国建筑奖”的建筑实践作品，则展现出中国建筑文化新的发展。比如获居住贡献奖 – 优胜奖的“第三空间综合体”“新青年公社”“四分院”“南锣鼓巷大杂院改造”“生菜屋可持续生活实验室”“齐云山树袋屋”“九舍”等，遍布各地，在不同的环境中呈现出多样的发展与探索。

3. 发展特色

在建筑文化的国家和社会心理上，中国这样迅速崛起中的社会会对国力和城市特色的建筑象征有着强烈的渴求。面对着外来的强势文化与本土文化价值的背景下，中国建筑文化的发展有着国家主义与世界主义的矛盾。而这构成了中国建筑文化的重要特色。

对比 2010 年上海世博会各国场馆建筑，西方发达国家的建筑大都追求异形、高技和对不确定未来的探索，倾向于普适性（generic）和“世界主义”（cosmopolitanism）；而很多发展中国家的建筑，则大多表达了与传统造型及母题相关联的“民族主义”或“国家主义”，关注历史身份和昔日辉煌，中国馆层叠的巨大斗状形体亦不例外。不同国家不同的建筑价值取向，体现了世界主义与国家主义的对比。

建筑文化作为国家和地方“软实力”，不仅是国家、社会、个人的身份认同，也关联到对待文化遗产的态度和价值。当代中国建筑师群体在西方建筑的话语霸权影响和本土建筑价值迷失的现实面前，既要跟上国际时尚的潮流，又要延续地域传统的特质，在这样双重的压力下苦苦求索，踉跄前行，出现了保留传统印记的同时走出传统窠臼的各类理论实践尝试，在国家主义与世界主义的碰撞是中国建筑文化发展的重要特色。

（三）建筑技术与绿色建筑

1. 理论研究与方法探索

建筑技术与绿色建筑理论的发展主要在城市空间、生态环境、建筑物理环境、综合防灾减灾四个方面进行。

在城市空间可持续发展方面，在全球气候变化背景下，可持续发展理论、生态城市理论、韧性城市理论成为近年来我国城市空间规划的重要基础理论。我国学者结合国内外的生态思想完善了生态城市的理论框架，对生态城市设计的理论和设计策略进行了深入研究。生态城市理论和设计方法成为实现城市可持续目标的核心手段。对城市空间的研究主要集中在城市土地利用和空间形态、绿色交通发展、绿色循环低碳产业、可再生能源利用等方面。随着城市空间生态化研究的发展，国内学者进一步对城市空间形态特征进行了深化研究，并探索了城市中观街区尺度的生态设计策略。我国对建筑群的生态研究始于 20 世纪后期，研究多数集中在城市宏观层面，近年来开始关注建筑群物理环境、气候条件等生态环境因子对城市空间形态的影响。

在生态环境可持续发展方面，随着城市化进程的加快，环境问题日益加剧，人类活动影响研究与城市景观生态建设逐渐成为我国生态环境规划研究的重点，尤其是基于生态安全的城市生态规划、雨洪管理和生态修复已成为热点研究问题。城市生态规划方面，在吸收和借鉴欧美生态规划理论成果与实践经验的基础上，已经基本形成了符合中国特色的生态规划理论体系，并取得了一些实践经验。雨洪管理方面，通过汲取古代的雨洪管理智慧、创造性地吸纳国际现代雨洪管理经验，结合我国的气候特点、水情、地情，在雨洪管理理念与技术措施、城市暴雨径流控制等方面进行了深入研究。

在建筑物理环境可持续发展方面，随着全球气候变化引起的环境问题逐渐严重，我国学者对于建筑室内外物理环境研究的力度也逐渐加强，主要包括建筑室内外的风、光、热、声环境的综合环境模拟研究，以促进城市物理环境的可持续发展。在应对气候变化、促进环境可持续发展方面，风、光、热环境对建筑群的节能环保影响更加直接、更加广泛，其研究的数量也最多，而随着人们对环境品质要求的提高，关于声环境的研究也开始逐渐增多，但仍缺乏对风、光、热、声环境相互影响的综合性研究，系统的适用于我国建筑室内外物理环境可持续发展的理论尚未形成。

我国的建筑节能研究始于 1986 年国务院发布的《节约能源管理暂行条例》，明确要求建筑物设计采取措施减少能耗，其后陆续颁布了相关政策措施文件九十余篇。此外，不少学者以绿色设计视角求得乡土建筑研究更全面、深入的设计理论与评价体系，如结合适宜技术提升传统民居性能指标的设计研究，结合绿色技术开展传统乡土建筑及聚落保护与更新的研究，运用技术科学逻辑对乡土建筑建造技术及范式的研究等。如西安建筑科技大学一直重视民居建筑演变和发展模式的理论探索和工程实践，主持了国家创新研究群体科学基金“西部建筑环境与能耗控制理论研究”等重大研究课题；重庆大学的黄光宇等学者长期致力于西南山地人居环境科学的研究，通过巴蜀、闽浙、湘鄂等地的案例研究与空间实践，极大地推动了山地人居环境科学的发展；清华大学的单军对不同地域民居人文属性、建筑形式等进行了广泛调研和总结测试；王竹、李保峰等通过对夏热冬冷地区有代表性的传统民居和新建农宅的夏季室内外环境的测试和对比研究，指出传统民居应对夏季炎热潮湿气候的主要手段是风压通风和夜间散热等；宋德萱（2011）等对针对浙东南传统民居的选址环境、形体布局、材料利用等方面体现的生态适应性开展了研究。

为实现建筑物理环境可持续发展，在建筑规划设计阶段，我国学者基于建筑地区性的环境适应性设计理论和科学方法，提出以环境性能为导向的不同地域适应性设计模式，构建基于地区环境适应性的绿色建筑设计方法。研究嵌入到 Skectchup、Grasshopper 等绘图软件之中的绿色建筑性能提升的创新设计方法和流程。建立了以符合绿色建筑性能目标（如整体能耗最低、自然通风、天然采光效果最佳）的建筑参数化设计控制法则和绿色建筑性能参数化设计方法，发展了基于逆向求解原理的反向设计优化方法。

为实现建筑物理环境可持续发展，在建筑室内环境营造方面，我国学者对保障人员热舒适所需参数指标进行了深入研究，在动态热舒适研究和不同地区、不同建筑的热适应性研究，取得一批世界级水平的成果，已成为世界热舒适研究领域的主力军。此外，不少学者从被动式和主动式营造过程的驱动力角度出发认识热湿环境营造体系，从末端出发构建出新的高效热湿环境营造方案，大幅降低其营造能耗。

在综合防灾减灾可持续发展方面，应对气候变化的综合防灾减灾的基础理论主要以灾害学、安全城市、韧性城市为代表。目前，国内应对全球气候变化的综合防灾减灾主要包括应对台风、洪水、暴雨、高温热浪等极端气候灾害的减缓与防治研究，以及雾霾天气等自然与人为综合灾害的防控研究。在城市综合防灾减灾规划研究方面，主要包括城市脆弱性和风险评估、灾害多发地区的城市规划、减缓气候变化的城市空间结构优化、适应气候变化的交通防灾规划、通风廊道规划等专项规划。目前，我国对于单灾种的研究已经比较深入，近年来也逐渐开展了一些关于综合防灾的研究课题，并取得相应的成果，形成了比较完善的灾害防控、管理与救援体制。

2. 实践探索

2013 年以来，在政府大力推动“海绵城市”建设的背景下，理论研究取得了重要突破，并且推出了两批“海绵城市”试点，建设了大量的示范工程。生态修复方面，已经开展了大量研究工作，涉及河流、湖泊、湿地和棕地等方面，并在生态修复技术方向取得了一定进展。

我国绿色建筑研究起步于《中国生态住宅技术评估体系》和《绿色奥运建筑评估体系》，仅仅十年，就颁布了 2006 和 2014 两版国家绿色建筑评价标准，但从当前设计标识认证数量远高于运行标识的现象来看，我国绿色建筑研究主要集中在设计及评价环节。包括山东交通学院图书馆、清华大学超低能耗示范楼、全国人大机关办公楼、国家环保履约中心、贵安生态科技园等一批不同气候区的绿色建筑等相继建成，在行业内引起关注，起到了良好的示范作用。

3. 发展特色

2012 年，科技部发布“十二五”（2011—2015）绿色建筑科技发展专项规划，国家“十三五”（2016—2020）发展规划纲要提出创新、协调、绿色、开放、共享的发展理念。党中央国务院发布的《关于进一步加强城市规划建设管理工作的若干意见》提出建筑八字方针，首次将绿色概念纳入到建筑设计、施工和运营的全过程。2015 年《中美元首气候变化联合声明》中，中国提出了气候行动目标以配合《巴黎协定》的内容：“中国到 2030 年单位国内生产总值二氧化碳排放将比 2005 年下降 60%~65%。中国承诺将推动低碳建筑和低碳交通，到 2020 年城镇新建建筑中绿色建筑占比达到 50%。”在国家政策的大力支持下以及国家为应对《巴黎协定》提出的目标要求下，我国建筑环境可持续发展事业已迎来难得的历史发展机遇和挑战。

在城市空间规划方面，我国学术界结合国内外生态思想，逐步形成了具有中国特色的生态城市研究体系。在绿色生态环境方面，立足于将我国国情与景观生态学理论相结合的基本思想，我国的生态环境研究开始关注人类活动影响研究与景观生态建设。在建筑物理环境方面，现阶段很多研究仍停留在对国外的研究总结和借鉴的层面，具体并系统的理论体系有待形成。在综合防灾减灾方面，关于城市防灾研究也取得了一定成果，形成了自己的灾害管理与救援体制，对于单灾种的研究已经比较深入，近年来也逐渐开展了一些关于综合防灾的研究。

（四）乡村建筑设计

1. 理论研究与方法探索

就乡村人居环境讲，打破城乡二元结构、缩小城乡差距、统筹城乡资源和公共服务、建立城乡和谐发展路径、构建新型城乡关系成为中国城乡统筹发展阶段的重要任务，是我国学术界探讨乡村发展的主要语境。我国不同地域乡村发展差异巨大，对此，学术界探索了不同地域的乡村建设发展模式，主要体现在适应现代生产、生活方式的乡村居民点整理和县域镇村体系重构等方面。除此之外，由于我国乡村地区缺乏预防灾害的规划建设标准，巨大自然灾害面前村镇地区抗灾能力极差，灾后重建成为乡村建设的重要工作。国家相继出台了一系列针对村镇建筑抗震、防火等基本安全的技术规程、设计规范等。学术界也对此开展了广泛的研究，并以大规模重建为契机，系统研究了村落可持续建设、建筑地域性设计、乡土营建方式、被动式太阳能利用等。

在乡村历史文化遗产保护与传承方面，2008 年科技部将历史文化村镇保护列入国家科技支撑计划项目开展专题研究，其重要性不言而喻。我国学者进行了深入研究，以乡村历史文化遗产为主体，研究内容从重点保护转向活态传承和地方复兴，保护方法从“分类保护”转向“整体保护”。研究成果包括历史文化村镇综合评价体系、历史文化村镇保护规划标准、全国历史文化名镇名村保护数据库和动态监测软件体系、历史文化资源开发的环境影响预测与评价等，并在保护政策、管理途径、可持续发展等方面注重挖掘乡村历史建筑在现代生活中的应用价值。

在乡村地域建筑及其营建技术方面，20 世纪 30 年代以营造学社为组织的一批学者对我国典型民宅进行了调查，直至 80 年代完成了以测绘调查和形态描摹为主的乡村地域建筑特征研究。之后开始从单体研究转向群体研究，从对“历史遗存”的考辩转向对“现实环境”的分析。近年来，学界进一步开展跨学科、多视角的相关研究，研究成果主要包括乡村地域建筑特征及分类、乡土建筑营建策略与技艺、乡村建筑传统建造技术改良、乡村建筑空间功能优化策略等方面。

在乡村绿色建筑技术优化方面，针对我国量大面广、品质低、能耗高的乡村建筑，以及乡村低能耗、低技术、低成本的建设要求和发展趋势，学界研究了适宜乡村建筑的绿色技术及既有农宅绿色性能优化方法。刘加平院士提出了太阳能富集地区乡村民居被动式太阳能利用技术，杨柳建立了不同被动式设计方法的边界气候条件。针对北方严寒地区，哈尔滨工业大学通过研究影响民居采暖能耗的因素，得到了采暖能耗最优的设计因素组合模式；针对南方湿热地区，华南理工大学通过现场实测及计算机模拟分析，优化了农村住宅室内热环境，降低制冷能耗。西安建筑科技大学根据农村住房热舒适性环境的实际需求，研究了人体热舒适标准、能耗指标、围护结构热工性能、民居建筑物理环境分析评价与节能改造，以及室内空气品质等内容。

在乡村营造与乡村治理方面，近年来，随着乡村建设活动的不断深入，探索了“五山模式”“碧山计划”“无止桥”“土成木寸”等实践方式，提出“双向适应”规划新模型、参与式乡村营造设计、建筑师角色由“设计主导型”向“联络引导型”转变等。同时，乡村营造的复杂性，也迫使外来的建筑师、规划师们不仅仅考虑如何去设计，还尝试整合从投资到设计到生产到推广的一系列环节，从经济社会角度关注乡村人居环境营建方法，挖掘乡村复兴的深层动力。在乡村治理上，我国学者提出融入多元主体应该凝聚为一条基本原则，政府从管理者向服务者的角色转变，充分调动村民积极性，向多元治理模式和多元治理结构转型。对于基础设施和公共服务设施，政府则应加大投入，公平、高效配置农村公共产品，强化其服务职能。

2. 实践探索

乡村建筑设计实践的探索在国家科技支撑计划项目、住房和城乡建设部“田园建筑优秀实例”和中国建筑学会等机构颁发设计奖项中“乡村建筑”项目中均有体现。

“十二五”期间，国家科技支撑计划在城镇化与城市发展领域、乡村建设领域发布了乡村地区研究指南，2012 年在城镇化与城市发展领域，主要涉及徽派古建筑聚落保护利用和传承与传统古建聚落适应性保护及利用。2014 年，在村镇建设领域，主要涉及城郊集约型美丽乡村建设、美丽乡村绿色农房建造、村镇建设适用技术集成应用、长三角快速城镇化地区美丽乡村建设。

住房和城乡建设部“田园建筑优秀实例”也是乡村建筑设计实践的典例。2014 年起，为鼓励和引导优秀设计师、艺术家等专业人员参与乡村建设，提高乡村建筑建设水平，推进美丽宜居乡村建设，住房和城乡建设部决定组织开展田园建筑优秀实例推荐工作，迄今已评选出两批次的田园建筑优秀作品（实例）共 126 项。

获奖作品的主要类别涵盖旧民居、活动中心、文化设施、旅游服务设施、新建民居、教育设施、桥涵交通设施等。在地域分布上也遍布全国各地，尤其以西南、华东及东南地区为多。涌现出一大批体现各地乡村及地域特色的建筑案例。

中国建筑学会等机构颁发的设计奖项中包含一些优秀的“乡村建筑”项目。“中国建筑设计奖”是由中国建筑学会在全国范围内设立，是我国建筑领域最高荣誉奖之一，评选范围包括“乡村建筑”方面。2016 年，中国建筑学会建筑创作奖中也授予了“西河粮油博物馆及村民活动中心”“西塘古镇民俗文化馆”“浙江山地老宅”等乡村建筑。此外，还有一系列的乡村建筑案例获得国际性的奖项，如北京怀柔“篱苑书屋”在 2013 年获得加拿大 Moriyama RAIC 国际奖等奖项，贵州省“车田村文化中心”获得了 2017 年 ArchDaily 网站评选的中国年度建筑奖冠军。这标志着国际建筑界正越来越多地关注到我国的乡村建筑。

3. 发展特色

2002 年十六大标志着我国进入“城乡统筹”发展阶段。此后连续 16 年的中央 1 号文件都是围绕“三农”问题展开，足见国家对乡村发展的关注与重视。2013 年国家提出“美丽乡村”建设目标，要求加强“农村生态建设、环境保护和综合整治工作”。2014 年《国家新型城镇化规划（2014—2020）》特别强调“在尊重农民意愿的基础上，科学引导农村住宅和居民点建设”，使乡村建设研究视角与引导机制从政府控制转变为政府引导与村民自治相结合。在一系列政策的指导下，我国乡村人居环境水平有显著提升和改善。2017 年，党的十九大报告中进一步提出“实施乡村振兴战略”。当前，我国发展不平衡不充分的问题在乡村最为突出，同时乡村还承担着严守耕地红线、生态安全底线的重要任务。到 2030 年，我国城镇化水平将达到 65%~70%，这意味着乡村地区在今后十年多的时间中，将持续减少约 2 亿人口，由此也将带来数量巨大的乡村空间资源的空废化。而乡村生活水平的提高，对既有建筑物理环境性能提升、空间功能品质提升、地域风貌特色提升的需求也越发突出。因此，在乡村建设领域，亟待形成面向国家需求，以粮食安全、生态安全、社会关怀、城乡统筹、绿色发展、文化传承为导向的发展战略。

（五）数字建筑设计

1. 理论研究与方法探索

我国的数字建筑设计开始于 2004 年清华大学建筑学院的“非线性建筑设计课程”，该课程把涌现、分形、集群等思想作为设计的基础，把 Rhino、Maya 等软件作为常用工具，探索了通过物质实验、生物形态分析、场地模拟等方式进行设计“找形”的方法；随后，东南大学、同济大学、华南理工、湖南大学、西安建大等国内诸多建筑院校均开设了与数字设计有关的设计或技术课程。

2004 年以来，清华大学建筑学院徐卫国教授与英国建筑理论家尼尔·林奇合作策划了五次国际数字建筑双年展，每届双年展邀请世界上五十多个著名事务所（包括 Zaha Hadid Architects、Gehry Partners、UNstudio、Greg Lynn、MAD 等）、二十多所顶级院校（包括 HarvardGSD、MIT、Princeton、AAschool、ETH、Sci-Arc、UCL 等）参展，把国际一流的数字建筑设计成果引入中国展出，促进了我国数字建筑设计的发展及与国际研究的接轨。

2008 年以来，许多机构在国内组织了多种数字建筑设计研习班（如清华大学、同济大学、华中科技等），推进了数字建筑设计在全国范围内的推广与普及。

2012 年，中国建筑学会建筑师分会由 23 位发起人组建数字建筑设计专业委员会（简称 DADA）。2013 年，DADA 组织了“数字渗透”系列活动，通过大师作品展、学生作品展、数字设计装置展、国际学术会议等活动，展示了中国及世界数字建筑设计的成果，对业界具有广泛影响。这一系列的科研、教学与交流活动，探讨了与中国数字建筑设计的发展，使得中国成为国际数字建筑领域的重要组成部分。

具体而言，我国近年在数字建筑领域有代表性的理论研究与方法探索包括以下方面。

第一，非线性系统理论与数字建筑设计的结合。欧几里得几何学与牛顿经典力学已不足以解释多样的自然现象和复杂的人工系统，因此诞生了一系列“非线性”的系统与理论，如分形理论、混沌理论、元胞自动机、多智能体、人工神经网络等。这类系统的特征是：系统的局部法则很明确，但整个系统的行为具有不可预测性，与建筑设计的多样性与创造性不谋而合。在计算机的帮助下，可以通过编程将这些非线性系统应用于数字建筑设计。

第二，信息论与控制论对数字建筑设计的影响。信息的获取与处理及基于信息的系统控制已成为当前自然科学与工程学的核心内容，并已从多方面影响到建筑设计，如计算机辅助设计（CAD）、计算机辅助制造（CAM）、建筑信息模型（BIM）、计算机数字控制加工与建造（CNC）等，这表明“信息”与“控制”已成为建筑设计的重要载体，对数字建筑设计有重要影响。

第三，德勒兹哲学思想对数字建筑设计的影响。德勒兹（Gilles Deleuze）的哲学观念对数字建筑设计具有直接、深远的影响，他提出的诸如“褶子”（Fold）、“图解”（Diagram）、“条纹与平滑”（Striate & Smooth）等哲学概念被建筑师反复引用并在作品中加以体现，改变了建筑师看待和解决问题的方式。

第四，数字建构的理论研究。传统建构（Tectonics）的核心思想是，建筑的最终形式应表现其结构逻辑及材料构造逻辑，应富有诗意地进行建造。数字建构是其发展与延伸，具有明确的两层含义：使用数字技术在电脑中生成建筑形体；借助数控设备进行建筑建造。前者关键词是“生成”，而后者关键词是“建造”，生成是为了实际的建造，建造应该遵循生成的逻辑，这样，最终的建筑形式将最高程度地表现出结构逻辑及构造逻辑，同时，其结果将表现出新的诗意。

第五，参数化建筑设计与算法生形。参数化建筑设计的定义为“把各种影响因素看成参变量，并在对场地及建筑性能研究的基础上，找到联结各个参变量的规则，进而建立参数模型，运用计算机技术生成建筑体量、空间或结构，且可通过改变参变量的数值，获得多解性及动态性的设计方案”，是数字建筑设计的最重要理论方法之一。算法生形则被定义为“使用算法（或称规则系统）、并用某种计算机语言描述算法形成程序、通过电脑运算来生成建筑形体雏形”，是参数化设计方法实现的具体技术手段。

第六，数字建筑设计与建造过程中控制误差的系统方法研究。设计形体与建成的建筑物之间的差异即为“误差”，把误差减至最小是建筑高质量的标志，通过对数字建筑设计与建造过程中的误差控制方法进行研究有助于减小误差、提高设计品质。

2. 实践探索

在我国大规模城市化建设的背景下，数字建筑的实践探索也在理论与方法研究的推动下蓬勃发展。这些实践项目充分利用了近年来我国数字建筑理论与方法层面的研究成果，践行了参数化设计、数字建构、工匠技艺、地域特色、环境融合等理论方法，推动了整个建筑产业链的进步与升级。许多实践项目也成为了当地著名的地标建筑。

我国近年来最有代表性的数字建筑设计实践项目是北京市建筑设计研究院邵韦平教授级高级工程师主持的北京凤凰媒体中心。该建筑项目建筑面积 65000m^2，设计融合莫比乌斯带这一概念生成复杂曲面壳体，将宏伟的中庭空间缠绕包裹，结构性的钢铁斜肋构架支撑着巨大的壳体玻璃幕墙。该项目完全由中国人自主设计，中国公司数控加工及建造，全程运用了参数化建模、BIM、3D（三维）扫描等多种数字技术，设计方案独具特色、建成结果具有良好的建筑品质和性能，成为北京的新地标。

此外，由清华大学徐卫国教授设计的阳光凯迪合成油厂区门房、同济大学袁烽教授设计的五维茶室、东南大学李飚教授设计的青奥会国际风情街建筑、华汇王振飞设计的青岛园博会服务设施等，均是我国数字建筑实践的代表性案例。

3. 发展特色

数字建筑设计结合人性化及环境友好的要求。从建筑学科发展的角度来说，在经历了现代建筑的高度发展后，建筑师乃至全社会已达成共识——建筑应该更人性化、更环境友好。前者意味着建筑设计应该更多基于人的行为及舒适性要求、考虑动态变化及精神感受；建筑应该是事件发生的场所、是活动进行的空间等。后者则指建筑设计应更多以各种环境条件为基础，充分考虑建设场地内以及周边各种人造及自然的因素，同时节能环保。来自人及环境的众多要求应该综合性地塑造建筑设计，作为形态而存在的建筑设计结果，其实就像自然界中的生物，是与环境相适应的系统。要把众多的使用及环境要求转译成建筑形体，数字技术是有力的工具。

近年来多名我国学者认识到了使用数字技术促使建筑满足人性化及环境友好要求的重要性和潜力，并在自己的研究与实践中加以体现，这是我国“天人合一”哲学文化的当代体现，成为我国建筑设计领域发展的重要特色。

建筑设计形式生成结合生物形态。进入 21 世纪，生物学及其分支学科在科学、技术、设备和互联网的影响下一方面向纵深方向发展，同时，生物学与其他学科交叉发展，形成了众多生物交叉学科。近年来，我国多位学者尝试将建筑学与生物学进行交叉研究，通过数字技术、将生物形态与建筑设计的形式生成相结合，利用生物形态的内在结构关系、生物形态发生及发展规律、生物动态行为轨迹等内容启发建筑设计、为建筑设计提供丰富的形式创造原型。结合生物形态的建筑设计形式生成研究是我国近年来独具特色的数字建筑研究领域，成果丰富，在全球范围内处于领先地位。

开展算法控制的智能环境研究。随着无线通信、嵌入式、微机电、片上系统技术的发展，信息采集设备已经嵌入人类生活。当物联网技术被嵌入到建成环境中，建筑的功能将不再拘泥于提供空间和场所，而将成为一个数据的发生、采集、融合和交互，并提供基于数据的信息化服务与运作系统。建筑自动化基于简单的响应机制，而信息化的建筑则将提供更为智能和人性化的服务。

基于算法控制的智能环境研究是我国建筑设计领域发展的重要特色。其内容包括：通过室内无线传感网络的序列模式挖掘，发现人在室内常见行为的顺序模式来实现预测机制；使用分类算法（如人工神经网络，支持向量机等）将数据分类到既有的模式类别，用于根据传感器数据进行行为类型识别；使用频繁收集挖掘算法发现出现频率高于特定阈值的项目组合或序列等。

（六）建筑工业化

1. 理论研究与方法探索

建筑工业化随西方工业革命的爆发在建筑领域兴起。建筑工业化理论研究范围较广，学者文献诸多，涉及众多领域，涌现出一些具有代表性的学者，文献，著作和课题，理论研究与方法总体可分为集成论、建造论和生产论。

集成论包含建筑通用体系、OB+SI 理论与体系和建筑设计标准化。尽管不同的国家建筑工业化发展情况及体系标准有所区别，但整体上已积累比较丰富的经验，形成相对成熟的体系，同时，部品和设备的重要性逐步显现。我国对通用体系的研究最早见于姚国华先生 1983 年编译的《建筑工业化通用体系》。针对建筑产品不易定型、施工分散，不利于组织工业化生产等特点，把建筑物作为定型产品工业化生产的要求通盘考虑，综合研究、配套地应用新技术，以取得最优秀的综合技术经济成果。随着通用体系研究的发展，长寿化住宅 LC 体系、SI 体系等也在行业内确立和推广。

我国对开放建筑的相关研究始于 20 世纪 80 年代，1981 年，清华大学张守仪教授引进 SAR 支撑体住宅理论。次年，周士锷先生在《建筑学报》上发表了《在砖混体系住宅中应用 SAR 方法的讨论》，之后建筑学术刊物上对相关研究文章进行了刊登。1985 年，东南大学鲍家声教授完成 SAR 理论在国内的第一个实践项目——无锡支撑体住宅设计，并于 1988 年出版著作《支撑体住宅》，到了 21 世纪初，进入以借鉴日本产业化技术 SI 住宅体系为重点的开放建筑研究与实践新阶段。

我国早期的建筑设计标准化主要反映在建筑尺寸的配合关系上，自 50 年代以来，编制了许多种建筑标准设计图集，制定一些技术标准，如《建筑统一模数制》《建筑制图标准》和《建筑安装工程质量评定标准》等。

建造论包含主体工业化和内装工业化。主体工业化的主要代表技术是预制装配式混凝土。目前，国内建筑工业化大多集中在发展预制装配式钢筋混凝土结构，装配式工业化建造建筑与工程结构代表了发展的总体趋势，目前高校和企业已经逐步研发了适合我国国情的一整套技术体系，并在抗震设计，节点构造，施工安装等领域取得多项国家专利，形成了该体系的成套技术。

生产论方面，BIM（Building Information Model）是全产业链集成化的重要工具，其理念是要实现工程项目各个阶段、不同专业之间的信息集成和共享，IFC 标准是目前最常用的行业标准，通过 IFC 标准，项目中用到的不同软件之间都能保持高度的兼容性，相互之间的数据可以共享和交流，从而保证建筑信息模型的完整性、准确性和系统性，BIM 技术未来在我国将迎来巨大的进展。

2. 实践探索

集成论方面，应大力创建具有普适性和可操作性强的新型建筑工业化的通用体系，建立装配式建筑的设计、构配件生产、施工、装修、质量检验和工程验收的技术标准体系，完善模数协调、建筑部品协调等技术标准，鼓励编制和修订适用于建筑产业现代化发展的产品标准、标准图集、通用产品和设备手册、技术指南等。对于构建我国建筑产业化通用体系与集成技术体系，仍需要建筑学界和业界深入挖掘理论精髓，引进其更先进的集成技术。

建造论方面，积极发展装配式混凝土结构、钢结构和木结构等建筑结构体系。推广应用装配整体式剪力墙结构、装配整体式框架结构、装配式整体式框架 - 现浇剪力墙结构等混凝土结构体系，积极发展内装修、外围护结构和管线设备集成等建筑部品技术体系。大力推进建材部品化与部品通用化技术研究，建立建筑部品认证体系。

生产论方面，精益建造理论和技术的研究应贴合建筑工业化的生产和控制研究，进行建筑生产系统设计，装备与工艺技术应积极发展产业化专用配套的新工艺、新材料和新装备。重点研发推广先进适用的工业化生产成套装备、模具、预制构件运输设备，装配化施工专用设备及施工机具。信息技术体系应加快推动建筑产业的信息化和工业化深度融合，推进建筑信息模型（BIM）、基于网络的协同工作等信息技术在工程中的应用，推进智能化生产、运输和装配，强化虚拟建造技术的应用和管理。

清华大学建筑学院和清华大学建筑设计研究院有限公司科研团队，承担了“863”“国家科技支撑计划”科研项目，获得了近百项国内及国际专利。在装配式钢结构建筑和装配式混凝土结构建筑研发、设计和示范工程建设方面均取得了重要成果。研发的混凝土固模剪力墙结构体系，采用预制钢筋混凝土空心模构件，针对我国现有住宅建造技术的问题，通过整合各项单项技术、设备和工艺，结合国内建筑产业技术背景和技术资源，开发工业化程度较高的住宅建筑技术体系，包括结构体系、制造加工体系、建造工艺体系、设备机具体系。现已取得专利技术、技术规程、设计团队、构件自动化生产线、已建成示范建筑等综合技术成果。

近几年，中国建筑标准设计研究院团队进行了中国百年住宅的理论与技术应用探索，取得了丰硕成果。东南大学土木学院科研团队就“装配式建筑混凝土剪力墙结构”进行研究，东南大学建筑学院科研团队在“构件成型定位连接与空间和形式生成”研究中，研究结合结构空间的限定和使用，从建筑学和工程学的角度，研究了建筑工业化产品模式的构成和实现方法，建立了新型建筑工业化发展的战略技术和战术技术系统，并提出建筑工业化背景下的新型建筑学知识体系对经典建筑学进行拓展的方面。

3. 发展特色

目前国内建筑工业化大多集中在发展预制装配式钢筋混凝土结构，装配式工业化建造建筑与工程结构代表了发展的总体趋势，从50年代开始的整体式和块拼式预制混凝土构件，到70年代的后张预应力装配式结构体系，80年代沿用至今的预制装配式混凝土框架体系，再到90年代至今的以大地和万科集团为代表的“创新型”预制装配式混凝土框架结构体系。目前，高校和企业已经逐步研发了适合我国国情的一整套技术体系（包括设计软件、技术规程、图集和施工工法等），并在抗震设计、节点构造、施工安装等领域取得多项国家专利，初步形成了该体系的整套技术，也落实了一些示范工程项目。但总体而言，我国的预制装配式混凝土结构未能形成完善的技术体系，研究对象单一，研究深度不够。

在装修工业化与内装部品方面，目前我国的工业化住宅部品仍处在发展阶段，距离高标准住宅部品及产业化的要求相差较远。在施工工艺和设备方面，我国在研发方面明显滞后，缺乏系统和综合的基础性研究，仅有的分散、局部的研究成果也未能很好地推广应用于工程实际。目前，精益思想和BIM技术在我国建筑行业的运用研究较少，但我国在BIM技术发展中也取得了一定成绩，中国建科院、清华大学等单位在我国的BIM技术发展中做出了较大贡献，同时各地方政府也不断推行BIM技术的推广应用。BIM技术未来在我国将迎来巨大的进展。

（七）建筑教育

1. 理论研究与方法探索

21世纪以来，中国城市化进程迅速发展，城市建设如火如荼，中国的建筑教育面临着巨大的发展机遇，同时也面临着各方面挑战。近年来，中国建筑教育在理论方面，基于学科发展的历史背景和时代环境，以历史经验教训为基础，探索全球化、多元化、适应国情与当今经济文化环境的发展方向。

全球化与地域性的交织，是建筑教育理论研究与方法探索的重要特点。全球化与国际化，所体现的是对于国外先进经验的借鉴；而地域化则是扎根于本土独特的社会文化环境。

全球化、国际化的建筑理论探索对于我国建筑教育产生了重要的影响。2008年，我国高校建筑学专业教育评估实现国际互认。在这之后，全球化、国际化的建筑学专业教学模式的研究成为2008全国建筑教育学术研讨会的重要内容。在建筑教育国际互认的背景下，我国教育制度的应对措施、国际教育合作模式、新式专业教学的探索等都有着很大的现实意义，由此也出现了一系列建筑学教育体系的改革创新。新的教育模式和方法的引入，对既有培养体系的反思和改革，使得我国建筑教育呈现出新的形势。

伴随着国际化的是对地域化、特色化建筑教育的探索，强调地域性内涵、社会具体需求、本土理论等的研究也是建筑教育理论研究的重要发展方向。适于地域特色的建筑教育探索，对于地域特色的挖掘、本土文化的继承与发展有着重要的意义。除此之外，探索国际化与地域化相结合的建筑教育也成为当今建筑教育研究的重要方向。

全球化与地域化的交织，使得建筑教育理论的研究呈现出多元化的特点。2011 年，建筑学、城市规划和风景园林同列为一级学科，这使得建筑教育理论的多元化不仅仅体现在全球化和地域化的探索，多学科交叉也使得多元化的特色得到了加强。多学科融合的建筑教育理论探索也成为近年来建筑教育的热点。

2. 实践探索

伴随着培养体系和教育模式的改革创新，新的教学内容和教学方法也产生了大量新的教学实践。

国际化与开放式教学，是建筑教育实践探索的重要形式。国际化教学强调拓展学生的国际视野，开放式强调“走出教室”，关注社会与不同的文化。例如清华大学建筑学院创立自 20 世纪 80 年代的国际联合设计，以各国学生同题设计的形式，在教学内容和教学团队上上体现开放性与国家化，鼓励文化的交流，强调师生互动，关注学术前沿。又如清华大学建筑学院的三年级设计课改革和开放式建筑设计教学的尝试，聘任十五位业界优秀建筑师作为“设计导师”，引导学生关注文化、社会，以多样性视角看待建筑问题。

多学科融合，也是建筑教学实践的重要特点。科学、技术、艺术都与建筑教育相关。作为一个综合性学科，建筑学无论是在理论还是实践上都与众多学科有着交叉与渗透。多学科的融合，拓展了建筑教育的教学内容，也为建筑教学实践提供了新的教学方法。

在新兴技术的影响下，出现了新型的建筑教学实践。信息技术的发展使得参数化设计课程成为近年建筑教学实践的热点。基于建构技术、绿色技术的建筑教学实践，再到“互联网 +”背景下的建筑教育探索，都可以看到建筑教育与新技术、新思想相结合的趋势。多技术复合支撑体系下的建筑教学，也是重要的建筑教育实践探索。信息多元化背景下，多种技术的综合利用对于解决实际问题有着重要的作用，也是建筑教学实践中的重要关注点。

3. 发展特色

近年来，我国建筑教育的发展始终带有密切结合社会需求的特点，并呈现出多元化的特色。

我国建筑教育关注专业教育与社会需求。建筑业自身便是与国计民生密切相关的行业。建筑专业教育与社会需求的接轨，应对社会需求的教学实践，对创新型和应用型人才的培养，建筑中的产、学、研合作模式一直都是建筑教育理论与实践探索中的重要内容。我国建筑教育一直强调对于实际问题和社会需求的关注，并基于社会背景和经济文化环境的变化做出转变，国际化与地域化结合的建筑教育、城乡结合背景下的建筑教学、基于建筑更新与再生的教学研究以及基于信息技术的建筑教育研究，都与社会环境的变化密切相关。历年的全国建筑教育学术研讨会也呈现出对于当年的热点问题的密切关注，比如2016年的全国建筑教育学术研讨会以“新常态背景下的建筑教育”为主题，关注“多元融合”“专业教育与素质教育”“文化传承”和“互联网+”；而2017年的建筑教育国际学术研讨会主题为“建筑教育的多元与开放”，关注前瞻性、创新型的建筑教育与新兴建筑技术。

我国建筑教育的多元化体现在很多方面，在建筑教育的模式上，不同国家、不同地区就呈现出多元化的特色。在全球化背景下，各地区建筑教育的交流和联系增强，产生了更多样化的教育模式；与之相伴的地域化探索，又进一步对于本土文化进行挖掘。另一方面，多学科的结合，也大大扩充了建筑教育的研究内容与研究方法，三位一体的学科专业建设，建筑学、城市规划和风景园林的紧密结合对建筑教育产生了较大的影响。学科的交叉与融合使建筑教育获得持续不断的生命力，而新技术、新思想的发展，又为建筑教育的发展提供了新的方向。

三、国内外研究进展比较

（一）国外建筑学研究进展

对建筑学国内外研究进展比较的研究着眼于建筑学研究进展和研究热点，以期刊论文数据为定量分析对象，借助定量分析工具，主要是Citespace，试图反映2013—2017年国外建筑学的研究进展。在资料来源上，考虑到数据的全面性和权威性，选择Web of Science数据库中的数据，以求更为全面的展现国外建筑学研究概况。将数据库研究的结果与本学科国内研究的热点领域对比，得出建筑学学科国内外研究进展的比较。

1. 国外建筑学研究进展的定量分析

本研究以Web of Science核心数据库中收录的国外建筑学期刊论文为调研对象，检索年限为2008—2017年（最近十年），共获得6529条数据，在经过特定处理后导入可视化数据分析软件Citespace进行分析。

对于数据进行处理，对关键词依据频次进行排列，2013—2017年，design（设计）、drawing（绘画）、landscape（景观）、sustainability（可持续）、heritage（遗产）、conservation（保护）、city（城市）、modern architecture（现代建筑）、cultural heritage（文化遗产）、geometry（几何）是出现频次最高的十个关键词。

除此之外，利用Burst检测突发主题，依据burst值大小进行排列，2013—2017年，digital fabrication、design process、typology、generative design是burst值最高的四个关键词。

从这些关键词涉及的文献来看，除了经典的建筑设计理论，很多文献的研究重点与景观学、环境、城市以及遗产保护相关。而在前沿热点的研究上，与信息技术紧密相关的数字建造、生成设计密切相关。

2. 国外建筑学的研究热点

为了更准确地了解国外建筑学近几年的研究热点与进展，课题组以期刊论文为检索研究对象，以 web of science 为数据库，对 2008—2012 年、2013—2017 年两个时间段进行检索。经有效数据的整理，2008—2012 年期间有效数据共 2792 条，2013—2017 年期间有效数据共 3737 条。以这两个时间段中，依据统计频数倒序排序为前二十位的关键词（其中无法揭示学科研究主题的高频词不列入统计表中，比如 architecture 等）的变化情况，研究这两个时间段国外建筑学学科研究重点的变化和趋势，以此揭示国外建筑学学科研究的进展。

根据 2008—2012 年得到的 2792 条有效数据，2013—2017 年得到的 3737 条有效数据进行统计，对于单复数词、异形词（意思相同但形式不同，比如词组之间是否加连字符），在该语境下反映主题相同的词（比如 architectural education 与 education，architectural design 与 design）进行处理，得到如下表 1 所示的“2008—2012 年、2013—2017 年国外建筑学文献关键词 TOP20 统计表”。

表 1　2008—2012 年、2013—2017 年国外建筑学文献关键词 TOP20 统计表

序号	2008—2012 年高频关键词	2013—2017 年高频关键词
1	sustainability	design
2	design	drawing
3	geometry	landscape
4	education	sustainability
5	urban design	heritage
6	modern architecture	conservation
7	proportion	city
8	parametric design	modern architecture
9	digital fabrication	cultural heritage
10	simulation	geometry
11	landscape	education
12	building	le corbusier
13	drawing	restoration
14	generative design	public space
15	environment	urbanism
16	shape grammar	vernacular architecture

续表

序号	2008—2012 年高频关键词	2013—2017 年高频关键词
17	house	environment
18	space	urban design
19	energy	bim
20	restoration	digital fabrication

在 2008—2012 年，依据排名前五的高频关键词 sustainability、design、geometry、education、urban design 的分析，国外学者在此期间对建筑环境的可持续发展、建筑设计理论研究、建筑学教育和城市规划设计等领域较为关注，有关参数化设计、数字建造等结合计算机与信息技术的研究也是这一时期国外学者重视的一个研究分支。此外，现代建筑、景观、建筑环境模拟、建筑空间、古建筑的修复等研究主题，也是此时期国外学者的关注点。

在 2013—2017 年，依据排名前五的高频关键词 design、drawing、landscape、sustainability、heritage 的分析，国外学者在此期间对建筑环境的可持续发展、建筑设计理论研究、景观园林和遗产研究保护等领域较为关注，有关城市规划设计的研究也是这一时期国外学者重视的一个研究分支。此外，现代建筑、建筑学教育、建筑历史人物研究、公共空间研究、乡土建筑、建筑信息模型、数字建造等研究主题，也是此时期国外学者的关注点。

与 2008—2012 年相比，2013—2017 年国外建筑学文献关键词中，重复的关键词有可持续、设计、几何、现代建筑，设计一直处于前三位置，可见建筑设计的理论方法研究一直是国外学者关注的重点。处于前四的关键词还有可持续（sustainability），可见建筑的可持续发展研究也一直受到国外学者的关注。值得关注的是，有关景观园林、文化遗产保护的关键词排名迅速上升，乡土建筑的关键词排名上升，成为统计表中 2013—2017 年期间相比 2008—2012 年期间出现的新领域（2008—2012 年较少，高频词排位为 50 左右），有关城市规划设计的关键词相对稳定，而有关参数化设计、数字建造等结合计算机与信息技术的研究有所回落。

虽然仅仅凭借关键词，在某些时候难以直接揭示国外建筑学研究的领域或者分支，但关键词的统计频次的变化情况，在一定程度上也能反映国外建筑学学科近几年的研究热点与进展情况。

值得一提的是，基于 Citespace 等数据分析工具得出的可视化分析结果，存在由于数据原因导致结果可视化效果不理想或者得出的结论不具有参考性的可能性，仅仅凭借软件的分析，有时甚至会完全找不到规律。课题组采取以下两种措施应对这种情况：第一，对于数据一维关系进行定量分析，比如对于关键词的频数统计等方法；第二，在数据分析软件筛选的基础上，利用人工对重点文献进行分析。第一种方法同样会受数据的影响，而人工处理就是结合这种针对关键词进行统计，分析对应时期的热点与发展趋势的方法，对分析结果进行检验与修正。尤其是如果关键词不足以分析该学科领域的热点与研究进展情况时，人工的整理分析更为重要。在此情况下，以关键词作为分析的角度，通过人工搜集更多相关文献资料，就实际的研究问题和进展做更深入的分析。

在对于近五年建筑学研究关键词频次的数据分析基础上，课题组选取近五年国外建筑学研究的高频关键词进行进一步的分析，整理出近五年的国外建筑学研究热点：①建筑的可持续发展研究；②文化遗产保护研究；③建筑与景观园林的研究；④城市规划设计研究。

（二）本学科国内外研究进展比较

结合国外建筑学研究热点，以我国建筑学研究热点与对应国外建筑学研究进行对比，得出建筑学学科国内外研究进展比较分析。

1. 城市设计

目前，西方学者在城市形态分析理论、城市设计方法论等相关领域展开探索，出版了包括《城市的形成》《城市的组合》《城市设计的维度》等有关城市设计的系列论著，《城市设计学报》也持续刊登了城市设计各种命题的研究成果。城市设计工程实践则主要在历史城市复兴、旧城改造更新、城市建筑综合体、城市公共空间、绿地景观等方面有较多探索，从业人员涵盖了规划师、建筑师、景观设计师、艺术家乃至部分非专业人士。值得一提的是建筑师群体也参与了重大规划中的城市设计问题研究，如鲍赞巴克、努维尔参与了大巴黎规划，哈迪德、福斯特、库哈斯、SOM 等参与了一些重要的城市设计竞赛和研究工作并取得瞩目成果。中国学者同步展开针对性的理论研究与方法探索。

中国城市设计学科最初总体顺应以美、日为代表的国际城市设计发展潮流起步，20 世纪 90 年代开始，逐步建立起中国城市设计理论与方法架构；新千年伊始，随着快速城市化的进程和城市建设社会需求的转型，城市设计项目实践得到了长足的发展，因此，中国城市设计出现了一些体系性的新发展。与此同时，探讨中国城市设计理论、方法和实施特点研究的文章不胜枚举。主要反映在城市设计对可持续发展和低碳社会的关注、数字技术发展对城市设计形体构思和技术方法的推动，以及当代艺术思潮流变的影响等。

与西方相比，中国城市设计实践呈现出后发的活跃性、普遍性和探索性；欧美城市化进程趋于稳定，其城市设计实践多为局部性项目。从国际视野看，近几十年欧美发达国家因城市化进程趋于成熟而稳定，大规模的城市扩张基本结束，基于经济扩张动力的城市全局性的社会角度看，新千年后西方国家鲜见有大尺度的城市新区开发和建设，较多的是一些城市在产业转型和旧城更新中面临的城市旧区改造项目，也包括一些城市希望通过寻找“催化剂”项目激发城市活力的项目。从城市设计成果上看，物化的空间形态研究内容较多，关注与人们视觉感知范围密切相关的尺度形体。对相关的大尺度城市空间形态言，城市设计因不具实施需求而研究薄弱。

中国的城市设计具有更大的实施可能性、更大的尺度规模、更广泛的内容等特点，带有更多的实施需求。在中国史无前例的城市化进程中，相当多的中国城市都不同程度地经历了城市规模的急剧扩张，城市的功能结构、空间环境、街廓肌理乃至社会关系均发生了显著的变化，出现了一系列“城市病”，而所有这些都直接发生在城市多重尺度，特别是在城市的大尺度空间形态上。在取得经济腾飞等成绩的同时，城市建设也出现了令人关切和忧虑的问题：首先，城市风貌雷同、开发强度失控以及建筑形态紊乱等现象；其次，城市越来越不宜居，旧区建设的格式化操作、棚户区居住环境亟待改善；“城不城，乡不乡”，“城中村”一城二治；“快餐”建筑和“山寨”建筑盛行、文化失范、原创缺位。以恶俗、媚俗、低俗为代表，动用公共财政资金的“奇奇怪怪的建筑”混淆并挑战着公众的审美底线。这些“城市病”问题的研究与解决也是中国城市设计理论与实践的重点。在当前中国城市发展急剧转型的背景下，我国城市设计的战略研究将更多地关注“新型城镇化”和“一带一路”等国家战略对城市发展和环境优化的态势，把握全局和高度，着眼于重大的、前瞻性、具科学性和实操性意义的城市设计。

2. 建筑文化与遗产保护

场所精神与地域主义是建筑文化的核心理论，而国内外建筑文化发展对比也主要体现在场所精神与地域主义两方面。

在不同历史时期，建筑受时代特点影响而呈现出不同的建成环境的风貌与特点。农耕时代，地域环境、气候、材料等物质条件和地方文化传统影响较大，导致建成环境相对封闭，建筑识别性明显。而到了18—19世纪兴起的工业时代，物质条件的限制逐渐被打破，生产力的发展大大减弱了建筑受物质条件的制约。工业化和城市化迅猛发展，时代性、合理性逐渐压过了地域性的风潮，地方传统伴随着工业和城市的发展开始萎缩甚至中断，建筑文化演进的主导方向发生了革命性改变。而到了20世纪中叶以来的后工业时代，现代性摒弃地方传统受到了人们的反思，在全球化浪潮中，建筑文化与历史和地域的关联，也就是“场所精神”（genius loci）被找回。

在现代建筑运动高潮之后，地域建筑在60年代备受关注，从一个侧面反映了现代建筑学对失去地方集体记忆的忧思。这种忧思在诺伯格·舒尔茨（Christian Nor-berg Schulz）的“场所精神”理论建构中有集中体现，与中文的地域风土概念属于同一范畴，即土地和文化的固有味道及其内在的精神气质。

在建筑文化与地域主义方面，需要一种对建筑文化至于现代创作的理论诠释。在以创新设计为主旨的当代建筑学的专业属性下，在实现创意设计的同时在建成环境演进中延续地方的文化传统，传承其遗产。20世纪80年代，针对20世纪现代建筑的地域差异消失的现象，美国学者楚尼斯（Alexander Tzonis）提出了批判性地域主义（Critical Regionalism）

的概念，对地域主义进行发展，2003 年出版的《批判性地域主义——全球化世界中的建筑及其特性》中，认为现代建筑应当既抵制普世趋同，又区别于传统地域风土，主张以所谓“陌生化”（defamiliarization）的反衬式手法，塑造新的带有地域特色的建筑，这其实是一种将现代主义进行地方化的说法，与之意思相近的还有，阿兰·柯尔孔（Alan Colquhoun）所指出的现代艺术的“晦涩性”（opacity）影响。紧随其后，美国学者弗兰姆普敦（Kenneth Frampton）在 1983 年写作了《建构文化研究》一书，提出了“走向批判性地域主义”的命题，通过对于阿尔托（Alvar Aalto）、西扎（Alvazo Siza）和安藤忠雄等人实践作品中地域主义表现的解析，主张建筑学应关照场所特征和地方文化的特质，以精心推敲的构法（tectonic），将地貌和体触感（topography and corporeal metaphor）内化于建筑本体。在另一篇题为“地域主义建筑十要点”的文章中，他还提出了“抗拒”（resistance）的理念，主张建筑学不应被流行时尚全然笼罩，而是要探求另一种表达场所特征，适应环境气候，把握地域构法的建筑文化，这对世纪之交的国际建筑界产生了比较大的影响。

在此后的 20 年中，西方建筑界对这一话语的讨论正在超越仅仅侧重于建筑形态探索的局限，比如美国的斯蒂文 . 莫尔（Steven A. Moore），近年来就提出了“再生的地域主义”（Regenerative Regionalism）概念，并将其特征归结为八个要点：营造独特的地方社会场景（social settings）；吸收地方的匠作传统；介入文化和技术整合的过程；增加地域风土知识和生态条件的作用；倡导普适的日常生活技术；使批判性实践常态化的技术干预；培养价值共识以提升地方凝聚力；通过民主参与程度和实践水平的不断提高，促进地方在批判中的再生等。这八点中明显表达出的核心含义，提出了地域传统保持与再生的可持续发展思路，涉及了文化生态的进化方式和新旧技术的整合方向。这样的话语讨论，将批判性地域主义的外延大大拓展了，但这已远不是建筑学自身所能够担负得起的专业使命。

中国建筑界对地域建筑的关注与研究由来已久。自梁思成、刘敦桢等的早期中国传统建筑研究开始，已重视对地域和民族建筑文化的调查，并从中汲取创作灵感。上世纪八十年代开始，以乡土建筑研究热潮为发端，国内建筑界开始重新关注“地区性”问题。吴良镛率先提出建筑的“地区性”观念；并在 1999 年主持起草第 20 届国际建筑师协会大会《北京宪章》时，将“地区建筑学”构想作为其中的重要议题。此后，国内一大批高校学者和行业建筑师们在这一领域开展了持续的研究与实践，取得了丰硕的成果。近年来，随着人们对建筑与城市特色危机、环境危机的深刻认识与反思，越来越多的建筑创作正关注如何与地域文化、历史文脉、自然环境有更好地结合。

3. 建筑技术与绿色建筑

国内外在建筑技术与绿色理论实践发展的比较主要分为城市空间可持续发展、生态环境可持续发展、建筑物理环境可持续发展和综合防灾减灾可持续发展四方面。

在城市空间可持续发展方面，国内外研究的重点集中在土地利用和空间形态、绿色交通、绿色循环低碳产业、可再生能源利用研究等方面。我国主要以 TOD 模式为借鉴，探讨适应我国国情的土地利用和绿色交通模式。绿色循环低碳产业理论是一种实现资源、环境、经济、文化和社会和谐共生的有效途径，其基本原则是减量化（reduce）、再利用（reuse）和资源化（resource）的“3R”原则，以达到减少能源消耗、充分利用资源的目的。欧盟、美国和日本开展循环经济的实践具有一定的代表性。2008 年我国《循环经济促进法》颁布实施以来，全国已经设立了众多的生态工业园区。德国、英国等欧洲国家对太阳能等可再生能源的利用已经较为普遍，我国对可再生能源的利用经过多年发展也走在世界前列。

在生态环境可持续发展方面，国外对城市生态规划的研究可以追溯到 19 世纪末，英国、美国、德国、日本是较早研究城市生态系统并制定城市生态规划的国家。城市生态规划的理论研究主要包括城市与自然的和谐共生、资源的合理利用和可持续发展、城市系统的生态化控制等方面。城市生态规划实践中，城市绿地系统和城市空间的有机组织，城市建设的规模、密度等的合理控制是主要的研究方向。我国城市生态规划研究起步于 20 世纪 80 年代，随着“生态城市”建设的推进，开展了城市生态规划实践探索，积累了一些经验，但在城市生态规划实施效益评价方法、新技术在生态规划中的应用、国外生态规划方法的本土化等方面的研究还有待深入研究。

在建筑物理环境可持续发展方面，国内外相关研究主要体现在对建筑本体热工性能的提升、增加冬季保温性能和夏季隔热效果，同时以设计手段增加建筑的自然通风、减少对能源的依赖。国际能源署（IEA）曾组织二十六个国家对热物理环境的四十六个专题进行了深入研究，内容包括建筑围护结构、建筑能源管理、室内空气品质、住区环境调节、住宅建筑与公共建筑的能量利用、建筑环境的通风、湿热控制、先进的空调采暖系统等。欧盟根据能源安全、应对气候变化、保证社会经济发展的基本原则，制定了包括经济、环境、安全和交通运输在内的能源政策。

国外学者在建筑物理环境方面的研究较为成熟。在建筑室内环境营造适宜参数方面，国外学者先后建立了预测平均热感觉指标 PMV 与热适应模型，被国际热舒适标准广泛采用。在建筑室内热湿环境营造方法上，近年来国外学者提出了置换通风、个性化送风等通风方式可在某些条件下高效地满足室内热湿环境需要。在绿色建筑设计方法上，国外调研和大量实际工程表明 40% 以上的节能潜力来自于建筑方案初期的规划设计阶段，为此国外学者开展针对建筑方案设计阶段的性能模拟优化研究，研究从建筑表皮到体型以及室内空间平面组织关系与能耗、自然通风和天然采光效果，探讨应用参数化设计和遗传算法生成建筑体型、结构体系和几何形态的设计新方法。此外，国外很多发达国家还注重公共建筑和居住建筑用被动技术的研究与推广，如日本在改善建筑围护结构保温性能和公共建筑空调制冷技术节能方面，德国注重发展被动房技术等。

相对于国外较为完善的研究体系，我国对于建筑物理环境的研究还处于探索和逐年上升阶段，研究重点主要集中在室外气象条件预测、被动技术机理与应用、围护结构热工性能优化、室内热舒适度的改善与评价等几个方向。在绿色建筑研究方面，国内外都形成了较为完善的研究体系。

在综合防灾减灾可持续发展方面，国外关于城市防灾减灾的理论研究和实践成果较多，主要集中于灾害法律法规制定、城市防灾规划、城市防灾空间优化及城市灾害应急管理和救援几个方面，对具体灾种的研究主要集中于应对台风、暴雨、高温热浪等灾害。很多国家的相关学者从气象学、环境科学、城市规划、疾病防控等不同领域、不同空间与时间角度对城市高温现象展开研究，主要集中于高温定义、高温预报预警系统、高温与城市环境要素三个方面。国外的防灾减灾研究兼顾了定性和定量的系统化研究，在具体的实践应用上也较为成熟，而国内的防灾减灾研究更注重理论研究和系统梳理，实践应用研究相对较少。

4. 乡村建筑设计

纵观全世界各个国家乡村发展建设历程，由于不同城镇化路径差异，尤其是城乡关系战略性调整的差异，产生了城镇化水平达到 70% 后的不同状态。

在以英国为代表的西方国家乡村发展历程中，乡村发展普遍经历了从农耕时期的稳定阶段，到因工业化对农业及乡村生产的挤压作用导致乡村快速萧条，之后通过国家宏观层面的政策调控及乡村经济复苏，乡村又重新具有吸引力，进入复兴阶段。这一乡村复兴过程大致可分为三个阶段：第一阶段，以追求农业高产为目标，通过高额农业补贴政策和国家土地整理政策促进乡村农业产业发展，乡村生活空间建设方面没有进行实质性的实践；第二阶段为公共服务设施完善阶段，通过新建村民住房和大量修建乡村基础设施提高乡村地区生活质量，缩小城乡差距，这也是乡村建设的初期阶段；第三阶段，随着城镇化水平进入稳定时期，城市人居 GDP 达到较高水平，乡村景观成为稀缺资源而具有独特的价值和吸引力，城市居民开始涌入乡村，促进了乡村产业转型与非农经济发展，乡村开始重视生态环境保护与历史村落肌理的延续，走向可持续发展而实现真正的乡村复兴。

在以墨西哥为代表的国家乡村发展历程中，在快速城市化打破乡村农耕期的稳定后，因陷入“中等收入陷阱”，虽然城镇化率达到较高水平，但国家整体经济发展水平较低，乡村贫困、城乡差距较大等问题持续存在，处于乡村萧条和乡村复兴相互重叠和交织的特殊时期。

从我国乡村建设发展历程来看，2002 年十六大的召开标志着我国从“城乡分治”进入“城乡统筹”发展阶段，国家向乡村投入的建设资金明显增长。2002—2005 年是我国城乡统筹发展的起步阶段，主要是农业、财税等政策出台。2006 年，《中共中央国务院关于推进社会主义新农村建设的若干意见》提出了引导村庄空间发展、支持编制村庄规划和开展村庄治理的要求。此后，乡村建设相关研究成为建设领域关注的热点。以“千万工程”（2003）为代表、以社会主义新农村（2006）建设实践为导向的第一轮乡村建设，大力推动了乡村道路、饮用水安全、教育、卫生、文体等基础设施及服务设施建设。2009 年，《关于大力推进新型城镇化的意见》中提出：“以新型农村社区建设为抓手，积极稳妥推进迁村并点，促进土地节约、资源共享，提高农村的基础设施和公共服务水平”，由此进入了以“新型农村社区”建设为标志的第二轮乡村建设热潮，主要围绕土地资源整合、公平高效配给公共服务设施、构建新城乡关系下的乡村居民点体系展开研究与实践。2013年中央1号文件提出“美丽乡村”建设目标，明确进一步加强“农村生态建设、环境保护和综合整治工作……建立健全符合国情、规范有序、充满活力的乡村治理机制”，标志着我国进入第三轮以环境整治、风貌提升为主导的乡村建设热潮。2014年，《国家新型城镇化规划（2014—2020）》对农村规划的编制提出更高要求，特别强调“在尊重农民意愿的基础上，科学引导农村住宅和居民点建设”，促使乡村建设研究视角与引导机制从政府控制转变为政府引导与村民自治相结合，并形成以乡村旅游、乡村电子商务为主导的乡村转型模式，推动了乡村的复兴与发展。

5. 数字建筑设计

数字建筑领域在国外起源较早，发展时间较长，研究成果丰富。早在1993年，格雷格·林恩（Greg Lynn）客座主编了AD杂志专刊《建筑的折叠》（*Folding in Architecture*），进而1995年在《哲学与视觉艺术期刊》（*Journalof Philosophy and the Visual Art*）发表《泡状物》，随后，又出版专著《动画形态》（*Animate FORM*），由此开创了数字建筑设计理论与方法的研究。之后，詹克斯（Charles Jencks）、泰勒（Mark Taylor）、亨塞尔（Michael Hensel）又分别于1997年、2003年、2004年应邀客座主编AD专刊《非线性建筑》（*Non-LinearArchitecture*）、《曲面知觉》（*Surface Consciousness*）及《涌现：形态设计策略》（*Emergence*：*Morphogenetic Design Strategies*），专刊收集的文章及设计实例从不同视角探讨了数字建筑设计的理论与方法；2004年林奇（Neil Leach）出版《数字建构》（*Digital Tectonics*），探讨了数字设计及数字建造的结合。2006年赖泽（Jesse Reiser）的著作《新建构图解》（*Atlas of NovelTectonics*）以图解方式对形体与物质、相似与相异等建筑问题进行了数字建筑语境下的阐释；博瑞（Mark Burry）于2011年的著作《脚本文化：建筑设计与编程》（*Scripting Cultures*：*Architectural Design and Programming*）对数字设计的常用方法与技术路线进行了研究；舒马赫（Patrik Schumacher）于2011年及2012年出版《建筑的自动生成》（*The Autopoiesis of Architecture*）阐述了一种新的参数化主义建筑风格；格博（David Gerber）于2014年的最新著作《计算的范式》（*Paradigms in Computing*）探讨了数字建筑设计的方法范式。

我国数字建筑领域研究的起步晚于国外，但发展速度快且影响面广泛，也已形成了丰富的研究成果。我国数字建筑领域最具代表性的著作是清华大学徐卫国教授与英国建筑理论家尼尔·林奇合作编著的系列书籍《快进、热点、智囊组》（2014）、《涌现》（2006）、《数字建构》（2008）、《数字现实》（2010）、《设计智能》（2013）、《数字工厂》（2015）等，这一跨度超过10年的系列书籍汇集了国际及国内数字建筑领域各时段的研究成果与设计作品，为我国数字建筑设计与研究的发展奠定基础。其他重要的著作包括，东南大学李飚教授于2012年出版的《建筑生成设计》，该书对元胞自动机、遗传算法、多代理系统用于建筑设计进行了研究；同济大学袁烽教授与及尼尔·林奇于2012年合编的《建筑数字化建造》，该书介绍了世界名校的数字建筑设计与建造理论及教学实践。

除专家学者的著作丰富外，我国数字建筑领域广泛渗透到教学中，出现的学位论文较多、人才培养较好，有助于推动我国数字建筑领域在未来的进一步快速发展。清华大学徐卫国教授近年来指导的数字建筑领域的博士及硕士论文三十余篇：其中2005年田宏的硕士论文《数码时代"非标准"建筑思想的产生与发展》是国内第一篇专注于数字建筑领域的学位论文、较系统地研究介绍了非线性建筑设计理论及作品；近年来的一系列博士论文（2012年靳铭宇的《褶子思想，游牧空间》、2014年林秋达《基于分形理论的建筑形态生成》、2016年李晓岸的《非线性建筑设计、加工、施工中的精度控制》、2016年李宁的《基于生物形态的数字建筑形体生成算法研究与应用》、2017年吕帅的《基于数字设计方法的演艺厅堂方案生成及音质研究》等则从哲学思想基础、基于复杂系统的形态生成、复杂形体的精度控制、技术性能导向的数字设计方法等多个角度对数字建筑设计进行了深入研究。此外，近年来国内院校数字建筑领域较重要的学位论文还包括：2007年天津大学彭一刚教授指导的博士论文《当代西方建筑形态数字化设计的方法与策略研究》、2013年天津大学罗杰威与张颀教授指导的博士论文《基于CBR和HTML5的建筑空间检索与生成研究》、2016年哈尔滨工业大学孙澄教授指导的《严寒地区办公建筑形态数字化节能设计研究》等。

总体来看，我国数字建筑领域的研究虽然起步晚于国外，但发展更快，范围更广，学术研究与设计实践已与国外并驾齐驱。正如国际数字建筑领域的著名学者、悉尼大学教授博瑞（Mark Burry）在2013年的中国建筑学会数字建筑设计专业委员会（DADA）学术会议中无奈地表示，"我们已经没有东西能教给中国这帮家伙了"，这在某种程度上表明我国数字建筑领域的发展与成果已经获得世界同行的认可，具有一流的研究、创作、实践水平。

6. 建筑工业化

建筑工业化随西方工业革命的爆发在建筑领域兴起。由于历史背景的不同，虽然各国的发展道路呈现不同的特点，但有以下几个共性特点：①从简单追求建设量到注重品质和可持续发展；②部品和设备的重要性逐步显现；③模数协调和通用体制的必要性逐渐显现；④工业化建筑体系呈现地域性特征，符合居民生活习惯和发展状况。理论研究与方法总体可分为集成论、建造论和生产论。

集成论方面，欧美各国或发展独立的设备体系和大型部品如卫浴单元等，或将设备体系集成在结构体系之内，为协调建筑体系的整体建造，模数协调和通用体系创造了条件，美国、瑞典、日本、新加坡和德国等国家都具有相对成熟的通用体系系统。在我国，随着通用体系研究的发展，长寿化住宅LC体系、SI体系等也在行业内确立和推广。

OB+SI 理论体系的先导理论 SAR 支撑体住宅理论起源自 20 世纪 60 年代，以“二战”后欧洲逐渐回落的住宅建设及其带来的诸多问题为背景。SAR 支撑体住宅理论将住宅中不变的结构主体发展为支撑体（Support），将灵活可变的非承重部分发展为可分单元（Detachable Unit），以期在同一个结构框架下实现丰富的居住空间，已解决大量住宅建造所带来的简单复制的问题。哈布瑞肯教授在经过 20 世纪 60 到 70 年代对 SAR 支撑体住宅理论研究后，系统化提出了开放建筑理论，划分了城市街区、建筑主体和可分体三个层级，分别对应了公（社会）、共（群体）和私（个人）。20 世纪末，开放建筑在日本得以进一步扩充。SI（Skeleton-Infill）住宅体系是指住宅的支撑体 S 和填充体 I 完全分离的住宅建设体系。SI 住宅继承和发扬了日本早期工业化住宅发展成功，达到了新的高度，其 SI 住宅填充体体系与方法在国际上得以瞩目并广泛应用。我国对开放建筑的相关研究始于 20 世纪 80 年代。到了 21 世纪初，进入以借鉴日本产业化技术 SI 住宅体系为重点的开放建筑研究与实践新阶段。

20 世纪 60 年代，欧洲住宅就逐渐采用了建筑设计标准化，建造了一批完整的、标准化、系列化的建筑住宅体系。瑞典 80% 的住宅采用以标准化通用部件为基础的住宅通用体系。法国 80 年代编制了《构件逻辑系统》，90 年代又编制了住宅通用软件 G5 软件系统，丹麦是世界上第一个将模数法制化的国家，以发展“产品目录设计”为中心推动通用体系发展。荷兰在 SAR 理论实践中，住宅虽形态各异，但一直采取标准化的支撑体来形成住宅结构主体。美国住宅用构件和部品的标准化、系列化及其专业化、商品化、社会化程度很高，几乎达到 100%。我国早期建筑设计标准化主要反映在：自 50 年代以来，编制了许多种建筑标准设计图集，制定一些技术标准。

建造论方面，国外预制装配式混凝土建筑在西欧、北美、澳洲应用较为广泛。研究也较为成熟和深入，在亚洲，日本处于领先地位，如日本的预制建筑技术集成系列丛书《预制建筑总论》，近二十年来，材料工业的发展、加工机具的进步使得预制装配式混凝土技术得以继续发展。而发展预制装配式钢筋混凝土结构是目前国内建筑工业化的重点，技术体系相对完善，并取得多项国家专利，但同时也存在某些技术方向和技术优化的问题有待改进和完善。

内装工业化日本发展较为成熟，日本住宅全装修始于 20 世纪 60 年代初期，住宅全装修产业化与住宅产业化同步发展。到 90 年代，开始采用工业化方式生产住宅通用部品。日本所有在售住宅都是全装修房。日本对住宅建设规定了明确的居住水平和居住环境水平要求，早已超越全装修房的初级发展层面。目前日本住宅部品工业化、社会化生产的产品标准十分齐全，占标准总数的 80% 以上，部品尺寸和功能标准都已形成体系。美国住宅用构件和部品大多实现了标准化、系列化，用户可以通过产品目录，从市场上自由购买所需产品，同时各种产品各具特色，实现了标准化和多样化之间的协调发展。法国住宅装修在饰面处理多样化、施工质量稳定等方面取得很大进展，国外发达国家发展住宅全装修具有土建装修不分离、内装工业化与主体工业化并行、部品化程度高、主体结构与设备装修工程分离等特征。

生产论方面，到目前为止，精益建造的思想与技术已经在英、美、日、芬兰、丹麦、新加坡、韩国、澳大利亚、巴西、智利、秘鲁等国工业化建筑中得到广泛的实践与研究。很多实施精益建造的建筑企业已经取得了显著的效益，如建造时间缩短、工程变更和索赔减少以及项目成本下降等。目前精益思想在我国建筑行业的运用研究非常少，还停留在学术研究层面，没有得到实践应用及检验。

在施工工艺与工法方面，发达国家很早就认识到重大工程建设中施工工艺与工法研究的重要性，在基础理论与应用技术方面展开了研究，利用新颖的施工技术与工艺，国外许多顶尖的工程机械巨头如英国多门朗、德国克虏伯和美国实用动力等公司都纷纷展开了研究和开发，研发了许多针对一些重大工程建设的专用制造和施工装备，产品专用性强。与发达国家相比，我国在工业化建筑施工技术与装备研发方面明显滞后，缺乏系统和综合的基础性研究，仅有的分散、局部的研究成果也未能很好地推广应用于工程实际。

从国际建筑工业化的发展历程来看，发展我国建筑产业化需要将建筑理论和设计实践相契合，在进行大量建筑建造过程中，以建筑设计理念变革和建筑科学技术创新为先导，优化建筑业的生产方式和产业结构。我国建筑工业化的发展需要建立在建筑通用体系基础之上，结合我国实际情况进行的构建。

四、发展趋势及展望

（一）建筑学学科发展的战略需求

1. 提升城镇建设水平的重要技术手段和管理支撑

随着从国家到地方的高度重视，城市设计正在成为解决上述问题、提升城镇建设水平的重要技术手段和管理支撑。因此，在新型城镇化的国家发展背景下，城市设计如何在自身发挥的作用和专业技术支撑方面持续不断地丰富、完善、改进和提升，就成为我们当下需要集思广益和重点探讨的战略发展课题。

对于当前我国城市规划、设计、建设与管理存在的这些问题，中央领导、政府部门、行业内部和公众极为关注。2015 年 12 月召开的中央城市工作会议明确指出，要转变城市发展方式、完善城市治理体系、提高城市治理能力，着力解决城市病等突出问题，会议特别提出要加强城市设计，并达成如下共识：①城市发展对城市设计工作提出新要求。必须认识、尊重、顺应城市发展规律，端正城市发展指导思想，切实做好城市设计工作。②厘清城市设计与城市控规的关系。要加强城市设计，提倡城市修补，加强控制性详细规划的公开性和强制性。③明确城市设计的对象和内容。要加强对城市的空间立体性、平面协调性、风貌整体性、文脉延续性等方面的规划和管控，留住城市特有的地域环境、文化特色、建筑风格等“基因”。④整合城市规划、城市设计、建筑设计三者关系。增强城市规划的科学性和权威性，促进“多规合一”，全面开展城市设计，完善新时期建筑方针，科学谋划城市“成长坐标”。中央城市工作会议三次提到开展城市设计对于推进中国“新型城镇化”工作的重要性、基础性和必要性，加大对城市设计学科方向的研究和建设力度乃是时代要求，具有极为重要的理论价值和现实意义。

2. 以进化和发展的观点和视角看待建筑文化与遗产保护

2015 年 12 月中央城市工作会议提出了“坚持人民城市为人民”，而针对城市遗产问题的建设方针，注重“城市修补”，要加强对城市的空间立体性、平面协调性、风貌整体性、文脉延续性等方面的规划和管控，留住城市特有的地域环境、文化特色、建筑风格等“基因”。

根据住建部和国家文物局颁布的保护名录迄今最新的统计数字显示，被认定的国家重点文物保护单位 4295 处，国家级“历史文化名城”129 座，“历史文化名镇”252 个，“历史文化名村”276 个，级别略低的“传统村落”4153 个，覆盖 31 个省市自治区。而被收入联合国世界文化遗产名录的中国文化遗产已有 50 项，其中大部分属于建成遗产，数量位列世界第二。

然而，上述这些被列入国家清单及国际名录的，只是部分获得保护身份的建成遗产重点部分。要深入认知和保护建成遗产，还需要从地理层面以及相互联系入手，整体研究与保护。

建成遗产既是国家和地方历史身份的见证，也是“乡愁”和文化记忆的载体。建成遗产是国家、民族、地区和个人身份认同有着重要的意义。借用丘吉尔（Winston Churchill）的名言：“后顾多远方能前瞻多远”，则建成遗产就是回溯过去的一个个时空坐标点。纵观城乡改造、更新、发展的进程，需要以进化和发展的观点和视角看待建成遗产的继承和发展问题，分析现状，思考对策，使其在保存、传承、转化和创新的过程中获得再生，而不是在名录中消亡。在此背景下，应对中国传统建筑的本质、变迁及其现代意义进行多视角、多维度、全方位地重新思考和探究。特别在城市化、城乡改造盛期，这些思考和探究无论对抢救性研究传统建筑遗产，还是为未来建筑本土化提供实存依据，都具有愈来愈重要的理论和实践意义。

3. 绿色建筑理论与技术已成为贯穿建设全过程的重要方针

新型城镇化是我国全面实现现代化的重要进程。与此同时，节约建筑中的能源与资源使用、减少污染物排放成为我国工程建设领域的严峻挑战：目前我国城镇化率已经超过 55%，建筑能耗已达八亿吨标煤，CO_2 等污染物排放超过全国总量的四分之一。大力发展环境资源可持续建筑（绿色建筑），已经成为国家和社会各界的共识。研究适宜我国不同地域社会经济发展水平和自然环境的可持续建筑，是解决节能、节地、节水、节材和减少污染物排放的根本手段，需要城乡规划学、建筑学、建筑物理学、结构工程学和土木工程材料等学科的协同努力。

可持续建筑的核心是：强调资源的节约、环境的保护，强调与气候特征、地域条件、人文环境、社会发展等的适宜性，强调全寿命周期性能最优，强调多领域、多专业的集成优化。如何有效地节约建筑运行能耗、同时显著提升建筑环境品质，是可持续建筑研究的核心部分；因地制宜，被动优先、主动优化，是可持续建筑技术体系选择和优化的重要原则。为此需要探索在地域气候和辐射热作用下建筑室内外低密度小流量动态热湿传递过程和规律，研究建筑热湿环境营造过程的机理，寻求建筑形体、空间构成和平面组织与建筑环境控制系统和建筑能耗的相互影响规律，发展建立满足可持续建筑要求的不同地域建筑设计、建造和运营模式，以及与之相匹配的新型建筑环境控制策略和系统形式。

4. 乡村建设向科学和可持续方向发展

当前中国乡村正处于传统旧稳态被打破、现代新稳态尚未建立的动态变化过程中，正经历着由单一农业生产角色向多元化角色转变的过程、城乡关系融合发展的过程、传统历史文化保护和传承的关键阶段中，把握住这一系列转变的基本规律，并以此为基础，探索和实践出具有科学性和可持续性的乡村建设方法与路径，在新时期具有重要的现实意义。党的十九大报告中明确提出实施“乡村振兴”战略，强调确保国家粮食安全、坚持人与自然和谐共生、坚持农业农村优先发展、坚持城乡融合发展等实施原则。响应国家发展战略，面向乡村发展契机，提出乡村建设在粮食安全、生态安全、社会关怀、城乡统筹、绿色发展、文化传承六个战略方面的建设发展路径和重点任务。

第一，粮食安全关系到国计民生。在退无可退的乡村耕地红线要求下，为乡村建设划定了“底线”。同时，农业生产现代化转型，也进一步推动了乡村原有居民点体系的转型与重构。第二，乡村是维护国家生态安全战略的重要地区。2015 年，中共中央、国务院出台了《生态文明体制改革总体方案》，将国家生态安全工作纳入国民经济和社会发展规划。这要求处于生态脆弱地区的乡村，生态安全更高于经济发展需求。国家应扶持生态脆弱地区乡村的建设发展，以保障有足够的农村劳动力人口持续支撑生态安全工程。第三，社会公平是中国特色社会治理的核心诉求，是保障社会稳定、经济高速发展的前提。对资源匮乏、经济落后的乡村地区，尤其是支撑着我国粮食、生态安全战略的地区，应享有与城市居民以及经济发达地区乡村村民同样的生存权利和发展机会，其乡村建设发展应该得到相应的社会关怀。第四，城乡统筹、城乡关系、城乡一体化是近年来持续关注的热点，成为乡村建设最迫切、最重要的发展路径依托。不同城乡经济、社会、空间关系的地区，城乡统筹发展的战略路径应有所差异。第五，十三五规划进一步强调了“绿色发展理念”，对既有大量民宅建筑提出了绿色性能提升、居住品质改善的总体要求。中国传统村落布局与建筑营建方法中，蕴含了诸多值得借鉴的绿色智慧，在当前的绿色发展战略下，需要进行深入的挖掘和现代应用转化。第六，中国文化是在乡土文化滋养中成熟、发展的，十七大提出了弘扬传统文化的要求，传承乡村文化关系着我国传统文化遗存传承与未来可持续发展。系统化、共享化、渐进式的更新和保护，是乡村传统文化继承和发展的重要战略需求。

5. 从数字建筑设计走向工业 4.0

使用数字技术创造人性化及环境友好建筑空间的政策引导。建筑应该更人性化、更环境友好已成为建筑师乃至全社会达成的共识，即建筑设计应更多基于人的行为及舒适性要求、考虑动态变化及精神感受；应更多以各种环境条件为基础，充分考虑建设场地内以及周边各种人造及自然的因素，同时节能环保。数字技术是实现这一要求的有力工具，且我国已有许多学者意识到这一要求的重要性，并进行了多方面尝试，成为我国近年来数字建筑发展的重要特色。然而，在设计实践中，大部分建筑师尚没有意识到使用数字技术创造人性化及环境友好建筑空间的重要性和可能性，过分偏重形态生成、轻视人性化及环境友好要求的情况屡见不鲜，对建筑的品质与使用者的生活环境造成了影响。因此，数字建筑发展的重要战略需求是通过政策手段引导建筑师使用数字技术创造人性化及环境友好建筑空间。例如，加强对建筑师的培训，使建筑师意识到使用数字技术创造人性化及环境友好建筑空间的重要性，并掌握相关技能；增设相关标准与规范，监督促使建筑师使用数字技术创造人性化及环境友好的建筑空间等。

以数字建筑设计为起点和纽带的数字建筑产业网链升级的政策引导。目前，被称作工业 4.0 的智能工业正在蓬勃兴起，建筑工业也将在这场信息工业革命中脱胎换骨；数字建筑产业链是智能建筑工业的重要部分，它包括数字建筑设计、建筑构件产品的数控加工、数控施工、智能物业管理等方面。在这一产业链中，数字建筑设计是起点和先端，它首先决定建筑的空间形式以及各专业的设计，并进而决定建材构件及产品的加工方式，同时影响或决定施工方法，建筑建成后，设计文件的好坏还将影响建筑全寿命周期的运营管理。由此可见，数字建筑设计是数字建筑产业网链的起点和贯穿始终的纽带，因而，数字建筑设计对数字建筑产业链的升级起到系统性的促进作用。然而，在设计实践中，大部分建筑师尚没有意识到数字建筑设计对整个数字建筑产业网链的重要性，例如，BIM 软件的使用率较低、生成形体设计时没有考虑加工建造的要求等。因此，数字建筑发展的重要战略需求是通过政策手段引导建筑师认识到数字建筑设计对整个建筑产业链的重要性，并在设计阶段主动结合加工、施工、物业管理等后续环节的要求。例如，加强对建筑师的培训，使建筑师掌握 BIM 软件技术及数控加工、数控施工的基本原理；增设相关标准与规范，监督促使建筑师使用 BIM 技术等。

6. 建筑工业化是我国未来建筑业发展的关键

建筑业是我国的支柱型产业。但是，我国建筑行业的现状仍然不容乐观，建筑行业的劳动生产率总体偏低、资源与能源消耗严重、建筑环境污染问题突出、建筑施工人员素质不高、建筑寿命短、建筑工程的质量与安全存在诸多问题，而建筑工业化生产方式与传统建筑生产方式相比，工业化的生产方式有着明显的优势。所以，新型建筑工业化，大力发展装配式工业化建筑是我国未来建筑业发展的重中之重，是我国建筑业节能减排、结构优化、产业升级和进行重大产业创新的必经之路。开展新型建筑工业化跨高校、跨学科、跨产业界与学术界协同创新，支撑和引领我国建筑行业发展，发展新型建筑工业化迫在眉睫。在多个国家级、省市地方级的政府报告和战略蓝图中，如十八大报告、《国家中长期科学和技术发展规划纲要（2006—2020年）》《国家“十二五”科学和技术发展规划》《“十三五”装配式建筑行动方案》和《国务院办公厅关于大力发展装配式建筑的指导意见国办发〔2016〕71号》等共同指出的深入发展新型工业化，产业化，信息化，城镇化等社会可持续发展的国家战略。为了响应国家政策，各地方政府也积极出台政策文件支持新型建筑工业化的发展，推进装配式建筑的建设。与此同时，通过建筑学学科在建筑工业化领域发展，解决以往建筑施工的“农民工”问题，将其改变成为真正的产业化工人，也是一种战略需求。

（二）建筑学学科的发展目标与未来发展趋势

1. 发展目标

围绕创造适合人类生活需求及审美要求的物质形态和空间环境，不断提升和改善人居环境，充分利用现代科学技术条件和多学科的协作，深化理论研究，提升技术水平，加强人才培养，推进实践发展，发展人居环境科学学科群，不断完善具有中国特色的建筑学学科体系。

2. 发展趋势与策略

（1）城市设计理论与实践

新型城镇化强调以人为核心的城镇化，并遵循以人为本、优化布局、生态文明和传承文化四大基本原则。新型城镇化也是一种全新的“中国模式”，强调人的城镇化、城乡统筹；生态文明的城镇化；空间布局合理的城镇化；保护和弘扬中华民族优秀的传统文化；“五化”互动（新型工业化、信息化、城镇化、绿色化、农业现代化）。

从世界建筑学科领域看，城市设计正在成为对建筑学科发展具有关键性推动作用的研究方向之一。随着科技的发展，特别是建立在数字化平台上的“3S”技术使得人们可以从城市整体层面上更加全面地把握城市发展和设计的水平，有助于在整体上建立现代城市设计所需要的数字技术平台，更好地平衡城市设计中经验感性认知评价和科学理性分析的关系。

未来城市设计学科发展主要集中在经典理论与方法的完善深化、基于可持续发展思想的学科拓展、结合城市保护与有机更新的实践创新和数字技术应用等方面，并力求从理论、原理、技术和方法以及工程实践探索等层面开展重点研究和技术攻关。

（2）建筑文化与遗产保护理论实践

在全球化时代，地方传统文化正承受着能否传续的巨大挑战。当代建筑文化的主流价值观认为，包括传统建筑在内，一切植根于特定历史和地理的土壤，体现着文化多样性的事物都应得到善待和发扬。传统建筑文化，需要对其进行现代式的汲取、消化和吸收，转化为当代建筑的一种文化资源。因此提出以下三条建筑文化发展趋势与热点：

第一，建筑现代性与全球化领域。全球化是当今世界的重要趋势，借助全球化的浪潮，现代性可以更好地传播与拓展。对建成环境演进的走向观察和理论思考，是建筑文化研究的重要问题。而对建筑现代性的批判性认知，则对于准确全面把握建成环境演进十分重要。第二，建筑现代性与本土化领域。现代主义在起源时是带有地域差异的和多元特点的。从起源来看，现代性与本土化并非矛盾的。之后现代建筑才走向风格化和普适化。文化多元的本土建筑话语国际化，西方与非西方的差异与碰撞，都是建筑现代性与本土化领域的重要话题。第三，历史观、建筑书写与地域实践领域。历史观的认知，建筑书写的演变以及地域实践的探索与思考，都是当前建筑文化的重要命题。

而在遗产保护方面，应当再梳理跨行政区的城乡风土建筑谱系，探索建成遗产及其历史环境保护与活化的创新途径进一步提升保护、传承、转化、创新的研究与实践水平，完善地方建筑文化和传统工艺传承人制度，切实发挥城市设计在公共开放空间品质把控方面的关键作用倡导建成环境专家和设计师协助下的价值共识教育和居民参与活动，鼓励规划师、建筑师在深度和广度上进一步推动“全球在地”的地域建筑文化和建筑创作的整体进步和水准提升。

（3）建筑技术与绿色理论实践

在全球气候变化的大背景下，建筑相关学科的发展趋势表现出各自的独特性和一定程度上的共性。其共性趋势主要体现在多学科合作和新技术应用方面，包括综合运用生态学、环境学等相关学科的知识并将其与本学科进行融合，在城市空间规划、绿色生态环境、建筑物理环境及综合防灾减灾研究中广泛应用大数据、3S技术、新能源技术等新技术。各学科发展趋势的特性如下：

第一，城市空间。城市空间规划需要深化其系统性研究，建立宏观、中观和微观层面的有机联系，构建系统的建筑环境可持续发展框架。基于生态城市设计方法，强化中观、微观层面的精细化设计，加强对绿色生态街区和绿色建筑的研究，提出应对全球气候变化的韧性设计策略和节能设计策略，结合生态修复、城市修补的原则，加强对城市既有街区、存量建筑的生态化改造。

第二，生态环境。在绿色生态环境营造方面，需要更新现有的发展观念，注重建筑与气候条件、植被水体等自然环境的关系，从保护自然环境的角度出发进行建设，实现生态环境的绿色发展。在营造建筑环境方面应进行多尺度统筹，实现中观到微观、从规划设计到具体建设的统筹，注重环境评估、气候预警、参数化设计等措施和技术手段的实践应用，建立可持续的生态环境规划系统，促进建筑与环境的和谐发展。

第三，建筑物理环境。注重构建基础数据开放平台、研发新型绿色建筑、提高既有建筑节能性能、开展多领域新型技术集成应用研究，完善建筑物理环境的基础数据库，开发与时俱进的计算方法。研究不同气候区下，人员适宜的温湿度参数以及不同气候特征对人体舒适健康的影响机理；研究不同功能建筑类型中，人员适宜的温湿度参数；研究空调供暖建筑与自然通风建筑中的温湿度参数需求的差异；研究生活习惯、经济水平、文化因素、能源政策等对温湿度参数需求的影响；研究人员主动调节行为对温湿度参数需求的影响；研究需求参数改变与能耗的关系；研究适合于不同气候区、不同建筑类型的节能需求参数新标准；研究适合不同气候和建筑类型的室内热湿环境营造设备与系统；研究性能导向的绿色建筑设计方法；研究被动技术与主动技术结合时的配置方法，建立具有不同地域人居环境特色的被动式技术策略数据库，研究定量化分析被动技术策略的理论方法。同时改进现有的试验方法，研发新型的实验设备，逐步走全链条、一体化设计的发展路线，改善目前单一的研究手段，力求发展成多层面多领域的综合学科。

第四，综合防灾减灾。注重灾害预警与风险评估技术，研究极端气候灾害的灾害机理，探索消除次生灾害链方法；整合先进的遥感、遥测和数字模拟等技术，构建全面的城市综合防灾信息平台，对多种极端气候灾害形成的复合型灾害进行模拟研究，进行灾害风险评估与灾害预警，并提出相应的城市防灾规划策略，改善目前国内缺少城市综合防灾体系的现状，形成城市综合防灾减灾的可持续发展机制。

（4）乡村建筑设计理论与实践

我国广大乡村地区将经历相当长时间的转型变动。乡村建设行为必然受到城市外溢产业经济的强烈冲击，乡村建设新老矛盾错综复杂，相互叠压，使得当前乡村建设研究任务较为急迫繁杂。

长远来看，首先，乡村发展变革虽然迅猛，但在经济产业格局逐渐清晰、稳定而走向成熟的过程中，相当长时间内，将仍然受到农业产业资源分配的固有规律约束。因此，适应乡村发展内在规律，研发规划原理、方法，创新实践模式，将成为影响乡村建设行为的核心内容。在具体技术路线上必然要求探寻更为综合、宏观、长效的基本规律。

其次，当前转型期的矛盾同时作用在新、老两方面，既有建筑更新、空废乡村利用与新建设模式研发并重，任务复杂艰巨，但仍应以乡村建设营建技术规律为核心评价逻辑，探寻符合乡村适宜性民居建筑本体的研究技术道路。

最后，面对城乡统筹机遇，在宏观乡村建设规划方面，研究重点应以摆脱“外部输血的植入模式”为主要需求，在政策研究方面应以激发、引导可持续的自主造血机制为导向，使示范创新建设模式逐渐回归乡村本体。在文化传承中应以激活乡村资源禀赋为核心，探究积极保护的方法与技术体系支撑。

（5）数字建筑设计理论与实践

建筑设计与创造和革新紧密相关，随着信息数字技术的介入，其方法也正处于不断变迁的状态，新的理论、系统、方法不仅使其成果新颖独特，同时诠释着全新的设计理念。

第一，从促进产业网链升级的角度发展数字建筑设计。如前文所述，数字建筑设计是数字建筑产业网链的起点和贯穿始终的纽带，在智能工业蓬勃发展、建筑产业网链升级势在必行的大背景下，从促进产业网链升级的角度发展数字建筑设计是未来本领域发展的必然趋势。一方面，建筑设计方法本身将在未来升级，参数化设计、算法生形等数字设计方法将更广泛地应用于建筑设计中，提高建筑设计的智能性，获得品质更高的设计方案，并提高建筑师的工作效率。另一方面，数字建筑设计将与产业网链后续环节更好地衔接、满足后续环节对数字建筑设计提出的要求，例如，BIM 技术将获得更广泛地应用，方便加工、建造、运维等后续环节；又如，数控加工、数控施工等后续环节对建筑设计结果的要求将作为限制条件融入数字建筑设计的图解中，使得设计方案能够被更方便地加工、建造、施工。

第二，互动式建筑的研究与推广。互动式建筑（Interactive Architecture）是指建筑的形体和空间可以根据个体、社会、环境等外在因素的变化而不断变化，从而满足外在因素变化所形成新需求的建筑，使建筑时刻处于最适宜人活动的最佳状态。“动态”“灵活”及“持续变化”是环境互动式建筑的主要特点，互动方式包括室内构件与人的互动、建筑界面与室外环境的互动、建筑通过结构变形与环境互动等。

人们对互动建筑的研究探索由来已久，自 20 世纪 20 年代就开始有互动建筑的萌芽产生。时至今日，数字技术的快速发展为互动建筑的发展提供了技术支撑、使用者日益个性化的空间需求与喜好为互动建筑的发展提供了需求、日益严峻的环境与能源形势则为互动建筑的发展提供了必要性，因此可以预见，互动建筑将是未来本领域的重要发展趋势，促进建筑更好地与人类及环境融合，同时减少不必要的空间和能源浪费。

第三，机器臂加工、3D 打印等技术的研究与推广。机器臂加工、3D 打印等技术的研究及在数字建筑中的推广应用是未来本领域发展的另一项重要趋势。使用机器臂、3D 打印等技术进行构件加工、施工建造可以提升质量、节省加工过程中人力付出、提高复杂形体加工的精度和效率。机器臂加工、3D 打印等技术在数字建筑领域的发展将从以下两个层面展开：一是在建筑师的引领下对机器臂加工、3D 打印等技术本身进行的研究，主要研究其应用技术、适用范围、精度控制等内容，从而更好地满足非标准形体加工建造的要求；二是基于机器臂加工、3D 打印等技术的设计原理研究，主要研究在机器臂加工、3D 打印等技术进行加工建造的情况下，建筑设计可以获得哪些新的可能性、同时受到了哪些限制，进而将这些可能性与限制通过计算机编码融入数字图解，即可生成能够方便地通过机器臂加工、3D 打印等技术完成加工、建造、施工的设计方案。

（6）建筑工业化理论与实践

新型建筑工业化的发展战略是以健康环境，和谐社会和实体经济发展为目标和出发点，用建筑产品研发模式补充建筑作品设计模式来创造具有工业化建造特征，性能优良，兼具深层次美学需求和历史文脉的建筑。这种战略路线可以高效整合，控制和管理标准化设计、工厂化生产、装配化施工、一体化装修和信息化管理。从而使得建筑在设计、生产、施工、开发等环节形成完整的、有机的产业链，真正实现新型建筑工业化、产业化、城镇化、信息化，从而实现城乡建设可持续发展的目标。

同时，需要从建筑教育的源头上培养符合新型建筑工业化要求的建筑师，构建建筑工业化背景下的新型建筑学，培养支撑城乡建设可持续发展的新型建筑学人才，这一点至关重要。在中国建筑业面临着由粗放型向可持续型发展的重大转变的时期，新型建筑工业化是促进这一转变的重要途径，建筑院校要引领建筑工业化领域的发展方向，同时，建筑师需要从思想观念上重视建造、施工乃至制造业等跨学科方面的知识背景和专业技能，而这些通常容易被传统建筑学教育所忽视。反思，拓展和更新建筑学知识和教育体系将有利于及时地为建设行业培养新型建筑学人才，推动建筑工业化事业和建筑学向前发展。

参考文献

[1] 中国大百科全书总编辑委员会. 中国大百科全书［M］. 北京：中国大百科全书出版社，2016.

[2] 美国不列颠百科全书公司，中国大百科全书出版社. 大不列颠百科全书［M］. 北京：中国大百科全书出版社，2007.

[3] 建筑学名词审定委员会审定. 建筑学名词［M］. 北京：科学出版社，2016.

[4] 当代中国建筑设计现状与发展课题研究组. 当代中国建筑设计现状与发展［M］. 南京：东南大学出版社，2014.

[5] 国务院学位委员会第六届学科评议组. 学位授予和人才培养一级学科简介［M］. 北京：高等教育出版社，2013.

[6] 吴良镛. 历史文化名城的规划结构——旧城更新与城市设计［J］. 城市规划，1983（12）：2–12.

[7] 齐康. 城市的形态（研究提纲初稿）［J］. 南京工学院学报，1982（3）：14–27.

[8] 迈克尔·巴蒂. 未来的智慧城市［J］. 国际城市规划，2014，29（6）：12–30.

[9] 王建国. 现代城市设计理论和方法［M］. 南京：东南大学出版社，2001.

[10] 王建国. 城市设计［M］. 第三版. 南京：东南大学出版社，2011.

[11] 朱文一. 空间·符号·城市：一种城市设计理论［M］. 第二版. 北京：中国建筑工业出版社，2010.

[12] 朱文一. 城市设计［J］. 北京：清华大学出版社，2015.

[13] 柴彦威，龙瀛，申悦. 大数据在中国智慧城市规划中的应用探索［J］. 国际城市规划，2014，29（6）：9–11.

[14] 甄峰. 基于大数据的规划创新［J］. 规划师，2016，32（9）：45.

[15] Penn A. 新数据环境下的城市设计：Alan Penn 教授访谈［J］. 北京规划建设，2016（4）：178–195.

[16] 茅明睿. 人迹地图：数据增强设计的支持平台［J］. 上海城市规划，2016（3）：22–29.

[17] 王建国. 基于城市设计的大尺度城市空间形态研究［J］. 中国科学：技术科学，2009，39（5）：830–839.

[18] Carmona M，Heath T，Oc T，et al. 城市设计的维度［M］. 冯江，译. 南京：江苏科技出版社，2005.

[19] Taylor N. 1945 年后西方规划理论的流变［M］. 李白玉，陈贞，译. 北京：中国建筑工业出版社，1998.

[20] Webber M. 非正当性的支配——城市的类型学［M］. 康乐，译. 桂林：广西师范大学出版，2005.

[21] Serge Salat. 城市与形态——关于可持续城市化［M］. 北京：中国建筑工业出版社，2012.

[22] 王建国. 21 世纪中国城市设计发展再探［J］. 城市规划学刊，2012（1）：1–8.

［23］王建国．新型城镇化：城市设计何去何从［J］．南方建筑，2012（5）：4–5.

［24］Steffen Lehmann，胡先福．绿色城市规划法则及中国绿色城市未来展望［J］．建筑技术，2014（10）：91.

［25］Nohoum Cohen. Urban Conservation：Architecture & Town Planner［M］．Cambridge：The MIT Press，1999.

［26］常青．当代建筑五题［J］．美术观察，2014（09）：11–13.

［27］诺伯格．舒尔茨．论建筑的象征主义［J］常青，译．时代建筑，1992（3）：51–55.

［28］常青．从风土观看地方传统在城乡改造中的延承［M］// 常青，主编．历史建筑保护工程学．上海：同济大学出版社，2014：103.

［29］Alan Colquhoun. Three Kinds of Historicism［M］// Kate Nesbitt. Theorizing A New Agenda for Architecture. New York：Princeton Architectural Press，1996：209.

［30］肯尼斯·弗兰姆普敦．建构文化研究：论 19 世纪和 20 世纪建筑中的建造诗学［M］．王骏阳，译．北京：建筑工业出版社，2007.

［31］Steven A. Moore. Technology，Place，and Non–modern Regionalism［M］．New York：Princeton Architectural Press，2007：441–42.

［32］常青．传统的延续与转化是必要与可能的吗？［J］．中国建筑教育，2015（11）：5–14.

［33］叶扬，常青，张悦．改进建筑 60 秒［J］．世界建筑，2016（12）：134.

［34］常青．论现代建筑学语境中的建成遗产传承方式［J］．中国科学院院刊，2017，32（7）：667–680.

［35］Ignasi de Sola–Morales Rubio.From Contrast to Analogy［M］// Kate Nesbitt. Theorizing A New Agenda for Architecture. New York：Princeton Architectural Press，1996：230–237.

［36］冯纪忠．方塔园规划［J］．建筑学报，1981，29（7）：40–45.

［37］常青．我国风土建筑的谱系构成及传承前景概观：基于体系化的标本保存与整体再生目标．建筑学报，2016（10）：2.

［38］张皆正，唐玉恩．继承·发展·探索［M］.上海：上海科学技术出版社，2003：116.

［39］王澍．自然形态的叙事与几何——宁波博物馆创作笔记［J］．时代建筑，2009（3）：68–79.

［40］常青．“2016 WA 中国建筑奖”评委感言［J］．世界建筑，2017（3）：12.

［41］福山．历史之终结与最后一人［M］．李永炽，译．台北：台北时报文化出版有限公司，2003.

［42］Kissinger H A. World Order［M］．New York：Penguin Press，2004：373.

［43］常青．我国风土建筑的谱系构成及传承前景概观——基于体系化的标本保存与整体再生目标［J］．建筑学报，2016（10）：8.

［44］希尔德·海嫩．现代性与多元现代性：现代建筑历史编纂的新挑战［J］．王正丰，译．时代建筑,2015（5）.

［45］希尔德·海嫩．建筑与现代性批判［M］．卢永毅，周鸣浩，译．北京：商务印书馆，2015.

［46］玛丽·麦克劳德．现代主义、现代性与建筑若干历史性与批判性反思［J］．刘嘉纬，译．时代建筑，2015（5）.

［47］李凯生．物境的空间和形式现象讨论［J］．建筑学报，2016（5）.

［48］朱剑飞．建筑历史与理论的“前沿问题”：中国、东亚、文化多元和社会政治理论［J］．建筑学报，2015（11）.

［49］李华，葛明．“知识构成”—— 一种现代性的考查方法：以 1992-2001 中国建筑为例［J］．建筑学报，2015（11）.

［50］李翔宁，邓圆也．建筑评论的向度：当代建筑中的普遍性与特殊性［J］．时代建筑，2016（3）.

［51］冯江．变脸：新中国的现代建筑与意识形态的空窗［J］．时代建筑 2015（5）.

［52］刘晨．没有灵魂的缪斯和被驯化的金字塔：关于当代中国文化与建筑的两个比喻［J］.时代建筑,2016（3）.

［53］希尔德·希南，格温多林·莱特．权力、差异、具身化演变中的范式和关注点［J］．毕敬媛，王正丰，译．时代建筑，2015（3）.

［54］艾瑞德姆·达塔．为了未来的怀旧［J］．毕敬媛，译．时代建筑，2015（5）.

[55] 王骏阳 . 日常性：建筑学的一个“零度”议题 [J]. 建筑学报，2016 (10，11).

[56] 董豫赣 . 造型与表意 [J]. 建筑学报，2016 (5).

[57] 吴志宏 . 没有建筑师的建筑“设计”：民居形态演化自生机制及可控性研究 [J]. 建筑学报，2015 (11).

[58] Marsh W M. Landscape planning: Environmental applications [M]. New York: Wiley, 2005.

[59] Olgyay V G, Olgyay A. Design with Climate: Bioclimatic Approach to Architectural Regionalism [J]. Journal of Architectural Education (1947–1974), 1963, 18 (3).

[60] Hall P. Good cities, better lives: how Europe discovered the lost art of urbanism [M]. London ; New York : Routledge, 2013.

[61] Gadde S, Rabinovich M, Chase J. Reduce, reuse, recycle: An approach to building large internet caches [C]. The Sixth Workshop on Hot Topics in Operating Systems. IEEE, 1997: 93–98.

[62] Yuan Z, Bi J, Moriguichi Y. The circular economy: A new development strategy in China [J]. Journal of Industrial Ecology, 2006, 10 (1–2): 4–8.

[63] Andersen M S. An introductory note on the environmental economics of the circular economy [J]. Sustainability Science, 2007, 2 (1): 133–140.

[64] Dhar T K, Khirfan L. A multi-scale and multi-dimensional framework for enhancing the resilience of urban form to climate change [J]. Urban Climate, 2017.

[65] Zang X Y, Tian C, Wang Q. Construction of a Sustainable Development Indicator System of Green Blocks [J]. ICSI , 2014: 589–603.

[66] Iqbal Q M Z, Chan A L S. Pedestrian level wind environment assessment around group of high-rise cross-shaped buildings: Effect of building shape, separation and orientation [J]. Building & Environment, 2016 (101): 45–63.

[67] Tsang C W, Kwok K C S, Hitchcock P A. Wind tunnel study of pedestrian level wind environment around tall buildings: Effects of building dimensions, separation and podium [J]. Building & Environment, 2012, 49 (3): 167–181.

[68] Intergovernmental Panel on Climate Change. Climate Change 2014 - Impacts, Adaptation and Vulnerability: Regional Aspects [M]. London: Cambridge University Press, 2014.

[69] Canziani O F, Palutikof J P, van der Linden P J, et al. Climate change 2007: impacts, adaptation and vulnerability [M]. London: Cambridge University Press, 2007.

[70] National Capital Planning Commission. Designing for Security in the Nation’s Capital [J]. Washington DC: National Capitol Planning Commission, 2001.

[71] Intergovernmental Panel on Climate Change. Climate Change 2014 - Impacts, Adaptation and Vulnerability: Regional Aspects [M]. London: Cambridge University Press, 2014.

[72] S Lee, J Ryu, K Min, et al. Development and application of landslide susceptibility analysis techniques using geographic information system (GIS) [C] // Geoscience and Remote Sensing Symposium, 2000. Proceedings. IGARSS 2000. IEEE 2000 International. IEEE, 2000: 319–321.

[73] Terlien M T J, Westen C J V, Asch T W J V. Deterministic Modelling in Gis-Based Landslide Hazard Assessment [M] // Geographical Information Systems in Assessing Natural Hazards. Springer Netherlands, 1995: 57–77.

[74] IEA. Cities, Towns& Renewable Energy [R]. 2009.

[75] 克利夫 · 芒福汀 . 街道与广场 [M]. 北京：中国建筑工业出版社，2004.

[76] 伊丽莎白 · 伯顿，琳内 · 米切尔 . 包容性的城市设计：生活街道 [M]. 北京：中国建筑工业出版社，2009.

[77] 卡蒙娜 . 城市设计的维度 [M]. 南京：江苏科学技术出版社，2005.

[78] 黄光宇，陈勇 . 生态城市概念及其规划设计方法研究 [J]. 城市规划，1997 (6): 17–20.

[79] 王建国 . 生态原则与绿色城市设计 [J]. 建筑学报，1997 (7): 8–12.

[80] 董卫，王建国 . 可持续发展的城市与建筑设计 [M] . 南京：东南大学出版社，1999.
[81] 曾坚，左长安 . 基于可持续性与和谐理念的绿色城市设计理论 [J] . 建筑学报，2006（12）：10–13.
[82] 徐坚 . 山地城镇生态适应性城市设计 [M] . 北京：中国建筑工业出版社，2008.
[83] 张纯，柴彦威 . 中国城市单位社区的空间演化：空间形态与土地利用 [J] . 国际城市规划，2009（05）：28–32.
[84] 徐循初 . 关于确定城市交通方式结构的研究 [J] . 城市规划学刊，2003（1）：13–15.
[85] 蔡绍洪，廖文华 . 循环产业集群是西部跨越式绿色发展的有效途径 [J] . 改革与战略，2012，28（9）：87–90.
[86] 孟浩，陈颖健 . 我国太阳能利用技术现状及其对策 [J] . 中国科技论坛，2009（5）：96–101.
[87] 王峥，任毅 . 我国太阳能资源的利用现状与产业发展 [J] . 资源与产业，2010，12（2）：89–92.
[88] 吕斌，孙婷 . 低碳视角下城市空间形态紧凑度研究 [J] . 地理研究，2013，32（6）：1057–1067.
[89] 周钰，赵建波，张玉坤 . 街道界面密度与城市形态的规划控制 [J] . 城市规划，2012（6）：28–32.
[90] 乔杰，洪亮平，王莹. 全面发展视角下的乡村规划 [J] . 城市规划，2017，41（1）：45–54.
[91] 张立，何莲. 村民和政府视角审视镇村布局规划及延伸探讨——基于苏中地区 X 镇的案例研究 [J] . 城市规划，2017，41（1）：55–62.
[92] 熊梅. 我国传统民居的研究进展与学科取向 [J] . 城市规划，2017，41（2）：102–112.
[93] 王伟强，丁国胜. 新乡村建设与规划师的职责——基于广西百色华润希望小镇乡村建设实验的思考 [J] . 城市规划，2016，40（4）：27–32.
[94] 张尚武. 乡村规划：特点与难点 [J] . 城市规划，2014，318（2）：17–21 .
[95] 朱介鸣，裴新生，刘洋 . 中国城乡统筹规划的宏观分析——城乡均衡发展的挑战和村镇开发转移的机会 [J] . 城市规划学刊，2016（6）：13–21.
[96] 段进，章国琴 . 政策导向下的当代村庄空间形态演变——无锡市乡村田野调查报告 [J] . 城市规划学刊，2015（2）：65–71.
[97] 范凌云 . 城乡关系视角下城镇密集地区乡村规划演进及反思——以苏州地区为例 [J] . 城市规划学刊，2015（6）：106–113.
[98] 朱介鸣 . 乡镇在城乡统筹发展规划中的地位和功能：基于案例的分析 [J] . 城市规划学刊，2015（1）：32–38.
[99] 袁奇峰，陈世栋 . 城乡统筹视角下都市边缘区的农民、农地与村庄 [J] . 城市规划学刊，2015（3）：111–118.
[100] 郁海文，陈晨，赵民 . 新型农村社区建设的规划研究——以中原某市农村地区为例 [J] . 城市规划学刊，2014（2）：87–93.
[101] 唐伟成，彭震伟，陈浩. 制度变迁视角下村庄要素整合机制研究——以宜兴市都山村为例 [J] . 城市规划学刊，2014（4）：38–45.
[102] 李迎成. 后乡土中国：审视城市时代农村发展的困境与转型 [J] . 城市规划学刊，2014（4）：46–51.
[103] 赵晨. 要素流动环境的重塑与乡村积极复兴——"国际慢城"高淳县大山村的实证 [J] . 城市规划学刊，2013（3）：28–35.
[104] 朱介鸣. 城乡统筹发展：城市整体规划与乡村自治发展 [J] . 城市规划学刊，2013（1）：10–17 .
[105] 彭震伟，王云才，高璟. 生态敏感地区的村庄发展策略与规划研究 [J] . 城市规划学刊，2013（3）：7–14.
[106] 张立. 新时期的"小城镇、大战略"——试论人口高输出地区的小城镇发展机制 [J] . 城市规划学刊，2012（1）：23–32 .
[107] 杨槿，陈雯. 我国乡村社区营造的规划师等第三方主体的行为策略——以江苏省句容市茅山陈庄为例 [J] . 现代城市研究，2017（1）：18–22.
[108] 陈锐，王红扬，钱慧. 治理结构视角的"乡村建设实验"特征考察 [J]. 现代城市研究，2016（10）：9–15.

[109] 刘梦淼，李铁柱. 新型农村社区背景下城乡公交规划研究［J］. 现代城市研究，2016（3）：34-39.

[110] 刘钊启，刘科伟. 乡村规划的理念、实践与启示——台湾地区“农村再生”经验研究［J］. 现代城市研究，2016（6）：54-59.

[111] 曹炎，朱喜钢，李小虎. 乡村更新中的增长联盟——以山东省堽城镇为例［J］. 现代城市研究，2016（5）：64-71.

[112] 陈婧，翟国方，范晨璟. 同城化战略对农村居民城镇化意愿的影响——以江苏省丹阳市为例［J］. 现代城市研究，2016（3）：68-74.

[113] 张益峰. 如何破解我国农村集体违法建设难题？—— 一个基于农村集体组织动因视角的研究［J］. 现代城市研究，2016（6）：119-125.

[114] 张京祥，姜克芳. 解析中国当前乡建热潮背后的资本逻辑［J］. 现代城市研究，2016（10）：2-8.

[115] 陈世栋，袁奇峰，邱加盛. 基层的土地制度创新：都市边缘区农地大规模流转的特征与机制——基于广州市白云区百村调查［J］. 现代城市研究，2016（8）：86-93，99.

[116] 林雄斌，杨家文，李贵才. 村镇区域城乡一体化发展困境与策略探析——以珠海市斗门镇为例［J］. 现代城市研究，2016（3）：75-82.

[117] 张京祥，申明锐. 本期聚焦：乡村建设中的治理问题［J］. 现代城市研究，2016（10）：75-82.

[118] 石坚，文剑钢. “多方参与”的乡村规划建设模式探析——以“北京绿十字”乡村建设实践为例［J］. 现代城市研究，2016（10）：30-37.

[119] 边防. 新时期我国乡村规划农民公众参与模式研究［J］. 现代城市研究，2015（4）：27-34.

[120] 文剑钢，文瀚梓. 我国乡村治理与规划落地问题研究［J］. 现代城市研究，2015（4）：16-26.

[121] 唐燕，赵文宁，顾朝林. 我国乡村治理体系的形成及其对乡村规划的启示［J］. 现代城市研究，2015（4）：2-7.

[122] 吴晓庆，张京祥，罗震东. 城市边缘区“非典型古村落”保护与复兴的困境及对策探讨——以南京市江宁区窦村古村为例［J］. 现代城市研究，2015（5）：99-106.

[123] 王春程，孔燕，李广斌. 乡村公共空间演变特征及驱动机制研究［J］. 现代城市研究，2014（4）：5-9.

[124] 胡雪倩. 快速城镇化背景下的大都市边缘区的家庭城镇化研究——以南京禄口地区为例［J］. 现代城市研究，2014（12）：110-116.

[125] 李伟. 基于政府与村民双向需求的乡村规划探索——以安徽省当涂县龙山村美好乡村规划为例［J］. 现代城市研究，2014（4）：16-23.

[126] 孙洁，朱喜钢. 村庄布点调整中的多元利益博弈——以马鞍山市博望镇为例［J］. 现代城市研究，2014（4）：10-15.

[127] 陈昭，王红扬. “城乡一元”猜想与乡村规划新思路：2个案例［J］. 现代城市研究，2014（8）：94-99.

[128] 曹云，周冠辰. 城镇化进程中乡土文化的保护困境与有效传承策略［J］. 现代城市研究，2013（6）：31-34.

[129] 童本勤，施旭栋. 城乡统筹进程中村庄特色的传承与塑造研究 -- 以南京浦口乌江镇五一村为例［J］. 现代城市研究，2013（10）：89-93.

[130] 文剑钢，文瀚梓. 本期聚焦：乡村建设问题探析——新型城镇化的基本问题探讨——以苏南城镇化与乡村风貌保护为例［J］. 现代城市研究，2013（6）：9-19.

[131] 周洋岑，罗震东，耿磊. 基于“精明收缩”的山地乡村居民点集聚规划——以湖北省宜昌市龙泉镇为例［J］. 规划师，2016，32（6）：86-91.

[132] 魏成. 社会资本视角下的乡村规划与宜居建设［J］. 规划师，2016，32（5）：124-130.

[133] 周鑫鑫. 生活圈理论视角下的村庄布局规划思路与实践［J］. 规划师，2016，32（4）：114-119.

[134] 王勇，李广斌. 乡村衰败与复兴之辩［J］. 规划师，2016，32（12）：142-147.

[135] 赵容慧，曾辉，卓想. 艺术介入策略下的新农村社区营造——台湾台南市土沟社区的营造［J］. 规划师，

2016, 32（2）: 109–115.
［136］陈锐，钱慧，王红扬．治理结构视角的艺术介入型乡村复兴机制——基于日本濑户内海艺术祭的实证观察［J］. 规划师, 2016, 32（8）: 35–39.
［137］陈静，冯旦，颜益辉．传统村落成功特质分析及规划策略探索——以河南方顶村为例［J］. 规划师, 2015, 31（s2）: 167–172.
［138］孟莹，戴慎志，晓斐．当前我国乡村规划实践面临的问题与对策［J］. 规划师, 2015（2）: 143–147.
［139］梁倩．生态文明理念下的新农村建设规划探讨——以武鸣县伏唐村伏唐屯综合示范村建设规划为例［J］. 规划师, 2015（s1）: 113–117.
［140］张涵昱．中小城市半城市化地区乡村发展路径——以浙江省诸暨市高湖地区为例［J］. 规划师, 2015, 31（s2）: 192–197.
［141］龙彬，万祥益，童丹．中小城市边缘区村落价值的衰微与重构［J］. 规划师, 2015（3）: 34–39.
［142］徐会夫．新型农村社区的发展转型：从“土地集中集约”到“社区综合发展”［J］. 规划师, 2014（3）: 13–16.
［143］赵之枫．城市化加速时期集体土地制度下的乡村规划研究［J］. 规划师, 2013, 29（4）: 99–104.
［144］李欣鹏．城乡一体化与城乡同质化思辨——城镇化背景下对乡村建设的思考［J］. 规划师, 2013（2）: 32–35.
［145］闰海．经济后发地区的乡村建设发展策略研究——以南通市通州区三余镇为例［J］. 规划师, 2013（2）: 226–229.
［146］马莹莹，徐逸伦．新型农村合作经济组织作用下的城镇化效应分析［J］. 规划师, 2013（11）: 89–93.
［147］叶步云，戴琳，陈燕燕．城市边缘区传统村落“主动式”城镇化复兴之路［J］. 规划师, 2012, 28（10）: 67–71.
［148］何灵聪．城乡统筹视角下的我国镇村体系规划进展与展望［J］. 规划师, 2012, 28（5）: 5–9.
［149］杜佳，华晨，余压芳．传统乡村聚落空间形态及演变研究——以黔中屯堡聚落为例［J］. 城市发展研究, 2017, 24（2）: 47–53.
［150］王国恩，杨康，毛志强．展现乡村价值的社区营造——日本魅力乡村建设的经验［J］. 城市发展研究, 2016, 23（1）: 13–18.
［151］洪亮平．规划视角下乡村认知的逻辑与框架［J］. 城市发展研究, 2016, 23（1）: 4–12.
［152］朱霞，周阳月，单卓然．中国乡村转型与复兴的策略及路径——基于乡村主体性视角［J］. 城市发展研究, 2015, 22（8）: 38–45+72.
［153］丁寿颐．转型发展背景下的乡村重构与城乡关系的思考——北京“何各庄模式”的实证研究［J］. 城市发展研究, 2013, 20（10）: 5–9.
［154］罗小龙．健康城镇化视角下的农村集中居住点建设研究——以江苏省东台市为例［J］. 城市发展研究, 2012, 19（6）: 61–64, 110.
［155］吴唯佳，唐婧娴．应对人口减少地区的乡村基础设施建设策略——德国乡村污水治理经验［J］. 国际城市规划, 2016, 31（4）: 135–142.
［156］刘娜，丁奇．台湾地区乡村规划政策的演进研究——基于经济社会变迁视角［J］. 国际城市规划, 2016, 31（6）: 30–34.
［157］冯旭．基于国土利用视角的韩国农村土地利用法规的形成及与新村运动的关系［J］. 国际城市规划, 2016, 31（5）: 89–94.
［158］范凌云，刘雅洁，雷诚．生态村建设的国际经验及启示［J］. 国际城市规划, 2015（6）: 100–107.
［159］周珂，吴斐琼，优势视角下的农村社区跨地域再组织［J］. 国际城市规划, 2015, 30（1）: 22–29.
［160］张京祥，申明锐，赵晨．乡村复兴：生产主义和后生产主义下的中国乡村转型［J］. 国际城市规划, 2014, 29（5）: 1–7.

［161］王东．功能与形式视角下的乡村公共空间演变及其特征研究［J］．国际城市规划，2013，28（2）：57–63．
［162］何依，孙亮．基于宗族结构的传统村落院落单元研究——以宁波市走马塘历史文化名村保护规划为例［J］．建筑学报，2017（2）：90–95．
［163］钟华颖．类型的乡土重构——江宁石塘村互联网会议中心设计回顾［J］．建筑学报，2017（1）：81–83，76–80．
［164］吴志宏，吴雨桐，石文博．内生动力的重建：新乡土逻辑下的参与式乡村营造［J］．建筑学报，2017（2）：108–113．
［165］陈剑飞，杜甜甜．东北严寒地区农村住宅低能耗设计策略研究［J］．建筑学报，2016（1）：22–28．
［166］傅英斌．聚水而乐：基于生态示范的乡村公共空间修复——广州莲麻村生态雨水花园设计［J］．建筑学报，2016（8）：101–103．
［167］穆钧．生土营建传统的发掘、更新与传承［J］．建筑学报，2016（4）：1–7．
［168］赵辰，李昌平，王磊．乡村需求与建筑师的态度［J］．建筑学报，2016（8）：46–52．
［169］张欣宇，金虹．基于改善冬季风环境的东北村落形态优化研究［J］．建筑学报，2016（10）：83–87．
［170］池腾龙，曾坚，王思彤．防灾理念下旅游型村庄的规划应对——以阜平县朱家营村为例［J］．建筑学报，2016（1）：163–167．
［171］陆邵明，朱佳维，杜力．基于形态语言的地域民居建筑差异性分析——以云南怒江流域怒族传统民居为例［J］．建筑学报，2016（1）：6–12．
［172］何泉．极端气候条件下的新型生土民居建筑探索［J］．建筑学报，2016（11）：94–98．
［173］常青．我国风土建筑的谱系构成及传承前景概观——基于体系化的标本保存与整体再生目标［J］．建筑学报，2016（10）：1–9．
［174］周凌．桦墅乡村计划：都市近郊乡村活化实验［J］．建筑学报，2015（9）：24–29．
［175］金虹，邵腾．严寒地区乡村民居节能优化设计研究［J］．建筑学报，2015（1）．
［176］张鹰，陈晓娟，沈逸强．山地型聚落街巷空间相关性分析法研究——以尤溪桂峰村为例［J］．建筑学报，2015，1（2）：90–96．
［177］罗辉，赵辰．中国南方乡村复兴要点讨论——从福建屏南北村谈起［J］．建筑学报，2015（9）：1–6．
［178］许建和．土地资源约束下的湘南乡土聚落选址特征分析［J］．建筑学报，2015，1（2）：102–105．
［179］史永高．作为一种乡村建设路径的轻型建筑系统——徐州陆口村格莱珉乡村银行［J］．建筑学报，2015（7）：17–21．
［180］李斌，何刚辉，李华．中原传统村落的院落空间研究——以河南郏县朱洼村和张店村为例［J］．建筑学报，2014（1）：64–69．
［181］董丽，范悦．低影响开发理念在乡村旅游建设中的应用研究［J］．建筑学报，2014（1）：70–73．
［182］沈旸，梅耀林，徐宁．民间智慧的惠泽与反哺——英谈历史名村的农村面貌改造提升［J］．建筑学报，2013（12）：27–32．
［183］王鑫．传统聚落空间组构分析——以山西上庄村为例［J］．建筑学报，2013（1）：24–27．
［184］李斌．农村震后重建中的环境转换研究——以汶川县映秀地区为例［J］．建筑学报，2013（12）：59–63．
［185］丁沃沃，李倩．苏南村落形态特征及其要素研究［J］．建筑学报，2013（12）：64–68．
［186］赵勇．我国历史文化名城名镇名村保护的回顾和展望［J］．建筑学报，2012（6）：12–17．
［187］贺勇，马灵燕，郎大志．基于非正式经济的乡村规划实践与探讨［J］．建筑学报，2012（4）：99–102．
［188］李斌，范佳纯，李华．小城镇周边农村地区居住环境变化研究——以上海市川沙镇为例［J］．建筑学报，2012（11）：72–77．
［189］赵辰．建筑师所面对的当下中国乡村复兴［J］．建筑师，2016（5）：6–7．
［190］王浩锋，饶小军．承传存续：乡村聚落空间复兴机制刍议［J］．建筑师，2016（5）：72–79．
［191］王铠，赵茜，张雷．原生秩序——乡土聚落渐进复兴中的莪山实践［J］．建筑师，2016（5）：47–56．

[192] 何兴华. 振兴乡村的探索及其启示 [J]. 建筑师, 2016 (5): 30-36.
[193] 林岩, 王建国. 基于"自下而上"城市设计途径的聚落空间形态研究——以广东高要黎槎村和蚬岗村为例 [J]. 建筑师, 2016 (3): 94-100.
[194] 刘拾尘, 刘晗, 张卫宁. 田园城镇——将城镇与田园文明整合的N个空想 [J]. 建筑师, 2014 (2): 77-84.
[195] 李长虹, 李小娟, 吕永泉. 基于拓扑建模的历史文化村镇聚居空间再生机制研究——以天津西井峪村为例 [J]. 新建筑, 2016 (4): 129-131.
[196] 姜波. "乡村记忆"背景下传统建造工具的传承利用——以山东传统民居为例 [J]. 新建筑, 2016 (2): 51-55.
[197] 靳亦冰. 新型城镇化导向下西北地区乡村转型研究 [J]. 新建筑, 2015 (1): 38-41.
[198] 秦媛媛, 周铁军. 融入绿色建筑特色的台湾农村住宅实践及其思考——以台湾嘉义县逐鹿社区永久屋为例 [J]. 新建筑, 2015 (4): 94-97.
[199] 周晓红, 殷幼锐. 基于调查的农村住宅单体设计 [J]. 新建筑, 2014 (3): 108-111.
[200] 宋晔皓. 中国本土绿色建筑设计发展之辨 [J]. 新建筑, 2013 (4): 5-7+4.
[201] 张菁. 创造性破坏视角下的传统村落空间商业化变迁研究——江西婺源李坑村、汪口村、江湾村对比分析 [J]. 南方建筑, 2017 (1): 55-62.
[202] 彭丽君, 肖大威, 陶金. 核心文化圈层中民居形态文化分异初探 [J]. 南方建筑, 2016 (1): 51-55.
[203] 李浈, 雷冬霞, 刘成. 关于泛江南地域乡土建筑营造的技术类型与区划探讨 *——《不同地域特色传统村镇住宅图集》(上) 编后记 [J]. 南方建筑, 2015 (1): 36-42.
[204] 冀晶娟, 肖大威. 传统村落民居再利用类型分析 [J]. 南方建筑, 2015 (4): 48-51.
[205] 叶红, 李贝宁. 县 (区) 统筹框架下村庄布点规划的方法创新——以2013年增城市村庄布点规划为例 [J]. 南方建筑, 2014 (2): 55-60.
[206] 常青. 序言: 探索我国风土建筑的地域谱系及保护与再生之路 [J]. 南方建筑, 2014 (5): 4-6.
[207] 崔文河, 王军, 于杨. 资源气候导向下传统民居建筑类型考察与分析 [J]. 南方建筑, 2013 (3): 30-34.
[208] 孙伟伟. 浅析中国传统民居对绿色住宅发展的借鉴意义 [J]. 南方建筑, 2012 (6): 63-66.
[209] 李颖春. "新村"一个建筑历史研究的观察视角 [J]. 时代建筑, 2017 (2): 16-20.
[210] 王竹, 钱振澜. "韶山试验"构建经济社会发展导向的乡村人居环境营建方法 [J]. 时代建筑, 2015 (3): 50-54.
[211] 张晓波, 江嘉玮. 近十年乡土营建的若干典型案例与社会效应分析 [J]. 时代建筑, 2015 (3): 32-35.
[212] 周玉斌, 陈科, 陆晓蓉. 新型城镇化背景下的中国农村土地制度变革研究 [J]. 时代建筑, 2013 (6): 48-51.
[213] 常青. 风土观与建筑本土化 风土建筑谱系研究纲要 [J]. 时代建筑, 2013 (3): 10-15.
[214] 段威, 项曦. 新陈代谢——萧山农村乡土住宅的配房类型研究 [J]. 世界建筑, 2016 (1): 119-123+12. Sonis M, Grossman D. A reinterpretation of the rank-size rule: examples from England and the Land of Israel [J]. Geography Research Forum (0333-5275), 1989 (9): 66-109.
[215] CPRE. Stand Up for the Countryside [R]. 2015.
[216] 徐卫国. 非线性建筑设计 [J]. 建筑学报, 2005 (12): 32-35.
[217] 李飚. 建筑生成设计 [M]. 南京: 东南大学出版社, 2012.
[218] 林秋达. 基于分形理论的建筑形态生成 [D]. 清华大学, 2014.
[219] 徐卫国. 数字图解 [J]. 时代建筑, 2012 (05): 56-59.
[220] 袁烽. 从数字化编程到数字化建造 [J]. 时代建筑, 2012 (05): 10-21.
[221] 李飚, 郭梓峰, 李荣. "数字链"建筑生成的技术间隙填充 [J]. 建筑学报, 2014 (08): 20-25.
[222] 徐卫国, 陶晓晨. 批判的"图解"——作为"抽象机器"的数字图解及现象因素的形态转化 [J]. 世界

建筑，2008（05）：114–119.
［223］靳铭宇．褶子思想，游牧空间——数字建筑生成观念及空间特性研究［D］．清华大学，2012.
［224］刘杨．基于德勒兹哲学的当代建筑创作思想研究［D］．哈尔滨工业大学，2013.
［225］徐卫国．数字建构［J］．建筑学报，2009（01）：61–68.
［226］袁烽，肖彤．性能化建构——基于数字设计研究中心（DDRC）的研究与实践［J］．建筑学报，2014（08）：14–19.
［227］方立新，周琦，孙逊．数字建构的反思［J］．建筑学报，2011（10）：90–94.
［228］徐卫国．参数化设计与算法生形［J］．世界建筑，2011（06）：110–111.
［229］李飚，韩冬青．建筑生成设计的技术理解及其前景［J］．建筑学报，2011（06）：96–100.
［230］高岩．参数化设计——更高效的设计技术和技法［J］．世界建筑，2008（05）：28–33.
［231］徐卫国．有厚度的结构表皮［J］．建筑学报，2014（08）：1–5.
［232］李晓岸．非线性建筑设计、加工、施工中的精度控制［D］．清华大学，2016.
［233］袁烽，葛俩峰．用数控加工技术建造未来［J］．城市建筑，2011（09）：21–24.
［234］徐卫国，陶晓晨．批判的“图解”——作为“抽象机器”的数字图解及现象因素的形态转化［J］．世界建筑，2008（05）：114–119.
［235］孙澄，韩昀松．绿色性能导向下的建筑数字化节能设计理论研究［J］．建筑学报，2016（11）：89–93.
［236］李宁．基于生物形态的数字建筑形体生成算法研究与应用［D］．清华大学，2016.
［237］张宏．构件成形、定位、连接与空间和形式生成［M］．南京：东南大学出版社，2016.
［238］Barentin C，Frick U，Block P.2016. The Armadillo Vault：Computational design and digital fabrication of a freeform stone shell［C］. Advances in Architectural Geometry，2016.
［239］Bing L D. Data–Centric Systems and Applications［J］. Web Data Mining. 2012，25（6）：2004–2016.
［240］E Vouga，J Wallner，H Pottmann.Design of Self–supporting Surfaces，ACM Transactions on Graphics，2012，31（4）：1–11.
［241］F Gramazio，M Kohler. The robotic touch：how robots change architecture［M］. Park books，2014.
［242］H Hua. A Case–Based Design with 3D Mesh Models of Architecture［J］. Computer–Aided Design，2014（57）：54–60.
［243］Ludger Hovestadt. Beyond the Grid［M］. Basel：BirkhauserVerlag AG，2010.
［244］Schwinn T，Krieg O D，Menges A.（2014）. Behavioral strategies：synthesizing design computation and robotic fabrication of lightweight timber plate structures［C］. At Los Angeles：ACADIA 2014 Design Agency，2014.
［245］张宏，丛勐，张睿哲，等．一种预组装房屋系统的设计研发、改进与应用——建筑产品模式与新型建筑学构建［J］．新建筑，2017（5）：19–23.
［246］纪颖波．建筑工业化发展研究［M］．北京：中国建筑工业出版社，2011.
［247］李忠富．住宅产业化论［M］．北京：科学出版社，2003.
［248］丁成章．工厂化制造住宅与住宅产业化［M］．北京：机械工业出版社，2004.
［249］邓卫，张杰，庄惟敏．中国城市住宅发展报告（2010–2011）［M］．北京：中国建筑工业出版社，2011.
［250］吴东航，章林伟．日本住宅建设与产业化［M］．北京：中国建筑工业出版社，2009.
［251］郭正兴，朱张峰．装配式混凝土剪力墙结构阶段性研究成果及应用［J］．施工技术，2014（22）：5–8.
［252］刘东卫，蒋洪彪，于磊．中国住宅工业化发展及其技术演进［J］．建筑学报，2012（4）：10–18.
［253］刘东卫．住宅工业化建筑体系与内装集成技术的研究［J］．住宅产业，2011（6）：44–47.
［254］刘长春，张宏，淳庆．基于 SI 体系的工业化住宅模数协调应用研究［J］．建筑科学，2011，27（7）：59–61.
［255］娄述渝．法国工业化住宅设计与实践［M］．北京：中国建筑工业出版社，1986.
［256］童悦仲．中外住宅产业对比［J］．海外经济评论，2005（37）：2.

［257］严薇，曹永红．李国荣装配式结构体系的发展与建筑工业化［J］．重庆建筑大学学报，2004（5）：33-36.
［258］姚兵．大力发展建筑机械租赁，推进新型建筑工业化［J］．建筑时报，2012(9)：1-3.
［259］刘延．探索新型建筑工业化的发展之路［J］．绿色施工，2012(11)：1-3.
［260］李芬红．论钢结构建筑是新型建筑工业化最重要的代表［J］．中国建筑金属结构，2013（8）：24.
［261］王珊珊．城镇化背景下推进新型建筑工业化发展研究［D］．山东建筑大学，2014.
［262］蔡天然．住宅建筑工业化发展历程及其当代建筑设计的启示研究［D］．西安建筑科技大学，2016.
［263］李传坤．制约我国建筑工业化发展的关键问题及应对措施研究［D］．聊城大学，2014.
［264］王冬．我国新型建筑工业化发展制约因素及对策研究［D］．青岛理工大学，2015.
［265］夏锋，樊骅，丁泓．德国建筑工业化发展方向与特征［J］．住宅产业，2015（9）：68-74.
［266］丁沃沃．过渡与转换——对转型期建筑教育知识体系的思考［J］．建筑学报，2015（5）：1-4.
［267］丁沃沃．回归建筑本源：反思中国的建筑教育［J］．建筑师，2009（4）：85-92.
［268］顾大庆．中国的“鲍扎”建筑教育之历史沿革——移植、本土化和抵抗［J］．建筑师，2007（2）：5-15.
［269］内田祥哉．建筑工业化通用体系［M］．姚国华，译．上海：上海科学技术出版社，1983.
［270］肯尼斯·弗兰姆普敦．现代建筑——一部批判的历史［M］．北京：中国建筑工业出版社，1988.
［271］彰国社．集合住宅实用设计指南［M］．北京：中国建筑工业出版社，2001.
［272］石氏克彦．多层集合住宅［M］．北京：中国建筑工业出版社，2001.
［273］Gann D. Construction as a manufacturing process? Similarities and differences between industrialised housing and car production in Japan［J］. Construction Management & Economics，1996，14(5)：437-450.
［274］J Barlow，R Ozaki. Building mass customised housing though innovation in the production system：Lessons from Japan［J］. Environment & Planning A，2008，37(1)：9-20.
［275］N Blismas，R Wakefield. Drivers，constraints and thefuture of offsite manufacture in Australia［J］. Construction Innovation，2009，9(1)：72-83.
［276］MRA Kadir，WP Lee，MS Jaafar. Construction performance comparison between conventional and industrialised building systems in Malaysia［J］. Structural Survey，2006，24(5)：412-424.
［277］吴良镛．关于建筑学、城市规划、风景园林同列为一级学科的思考［J］．中国园林，2011（5）：11-12.
［278］庄惟敏．清华建筑教育“4+2”本硕贯通教学体系中的设计课教学改革［J］．城市建筑，2015(16)：20-27.
［279］秦佑国．培拉建筑教育协议的签署［J］．中国建筑教育，2009（1）：7-9.
［280］常青．建筑学教育体系改革的尝试——以同济建筑系教改为例［J］．建筑学报，2010（10）：4-9.
［281］段德罡．坚守一隅心怀天下——西安建筑科技大学建筑学院专业教学及管理简况［J］．中国建筑教育，2016（2）：5-9.
［282］刘晓光，吴远翔．建筑院校新兴景观学科教学体系建构策略研究——以哈尔滨工业大学为例［J］．中国建筑教育，2015（4）：5-14.
［283］肖毅强．华南理工大学本科历史建筑保护专门化教学的探索与思考［J］．中国建筑教育，2015（1）：5-11.
［284］全国高等学校建筑学学科专业指导委员会，华侨大学．中国建筑教育：2008 全国建筑教育学术研讨会论文集［C］．北京：中国建筑工业出版社，2008.
［285］全国高等学校建筑学学科专业指导委员会，重庆大学．中国建筑教育：2009 全国建筑教育学术研讨会论文集［C］．北京：中国建筑工业出版社，2009.
［286］全国高等学校建筑学学科专业指导委员会，同济大学．中国建筑教育：2010 全国建筑教育学术研讨会论文集［C］．北京：中国建筑工业出版社，2010.
［287］全国高等学校建筑学学科专业指导委员会，内蒙古工业大学建筑学院．中国建筑教育：2011 全国建筑教育学术研讨会论文集［C］．北京：中国建筑工业出版社，2011.

[288] 全国高等学校建筑学学科专业指导委员会，福州大学．中国建筑教育：2012全国建筑教育学术研讨会论文集［C］．北京：中国建筑工业出版社，2012.
[289] 全国高等学校建筑学学科专业指导委员会，湖南大学建筑学院．中国建筑教育：2013全国建筑教育学术研讨会论文集［C］．北京：中国建筑工业出版社，2013.
[290] 全国高等学校建筑学学科专业指导委员会，大连理工大学．中国建筑教育：2014全国建筑教育学术研讨会论文集［C］．北京：中国建筑工业出版社，2014.
[291] 全国高等学校建筑学学科专业指导委员会，昆明理工大学．中国建筑教育：2015全国建筑教育学术研讨会论文集［C］．北京：中国建筑工业出版社，2015.
[292] 全国高等学校建筑学学科专业指导委员会，合肥工业大学．中国建筑教育：2016全国建筑教育学术研讨会论文集［C］．北京：中国建筑工业出版社，2016.
[293] 全国高等学校建筑学学科专业指导委员会，深圳大学．中国建筑教育：2017全国建筑教育学术研讨会论文集［C］．北京：中国建筑工业出版社，2017.

撰稿人：庄惟敏　王昭雨　朱文一　单　军　吕　舟　孙诗萌
林波荣　张　悦　周政旭　徐卫国　侯建群

专题报告

新型城镇化背景下的城市设计发展战略研究

一、城市设计的主要研究内容

城市设计研究城市空间形态的建构机理和场所营造，是对包括人、自然、社会、文化、空间形态等因素在内的城市人居环境所进行的研究、实践和实施管理活动[1]。城市设计主要通过自身创造性的规划设计理论和技术方法，为城镇人居环境和物质空间以及相应的城镇建设活动提供科学指导，具有与政府行政决策、公众参与和人文艺术等领域密切相关的突出特征。

城市是一个复杂的巨系统，城市规划和城市设计是有关空间结构、布局和环境营建的重要支撑领域。在中国史无前例的城市化进程中，相当多的中国城市都不同程度地经历了城市规模的急剧扩张，城市的功能结构、空间环境、街廓肌理乃至社会关系均发生了显著的变化，出现了一系列“城市病”，亟待展开针对性研究。城市设计作为一种对城市形态演进展开人为的专业干预方式和实践活动，不同的社会历史发展阶段和专业实操背景会对城市化进程产生重要影响。回溯近三十年城市设计在国内的发展历程，研究可谓之百家争鸣；实践则呈现百花齐放。在全球化及中国新型城镇化的背景下，如何进一步推动城市设计工作的开展，依然需要回归本源，重新探讨城市设计的内涵与未来动向。

在当前中国城市发展急剧转型的背景下，我国城市设计的战略研究应关注“新型城镇化”和“一带一路”等国家战略对城市发展和环境优化的态势，把握全局和高度，着眼于重大的、前瞻性、具科学性和实操性意义的城市设计。未来 5~10 年，依据城市设计学科发展趋势和城镇发展转型的内在动力，针对中国《国家中长期科学与技术发展规划》对未来城镇化和新一轮城镇发展的整体定位，其重点研究内容如下：

首先，在国际化语境下对经典城市设计理论与方法进行完善深化，构建新型城市设计理论体系。从价值理念层面，充分考虑中国国情与城市建设转型期的特点，建立基于多元参与价值导向的城市设计新范式；从设计方法层面，系统梳理城市设计与交叉学科之间的关系，创造基于多学科整合的城市设计方法平台与体系；从实施途径层面，适应新型城镇化背景下的城镇特色塑造的要求，建构依托城市规划法定管理体制和平台的城市设计运作方式和实施机制。

其次，基于可持续发展思想的学科拓展，建构一套绿色城市设计理论与方法。从总体战略的角度看，我国城市化进程技术进步和资源配置需要利用适应人类的尺度和特定的国情需要，走一条持续有序的发展道路。关注新型城镇化背景下的能源利用和资源的高效整合，以绿色、可持续发展理念指引理论构建和技术协同创新为技术路线。

第三，全球化背景下结合遗产保护的城市特色保护与有机更新的实践创新。针对当下城市特色危机与传统日渐式微之现状弊端，应对“以人为本”，传承文化的新型城镇化发展需求，加强城镇历史遗产保护和社区活力营造，这是城市特色保护与有机更新的重要策略。基于有机更新、微循环改造、再生设计等理念，从历史性城市、历史街区、文化遗产与传统建筑等层面出发展开研究，形成一套切实可行的城市更新操作规程与导则；同时引入公众参与、社区参与性建设等模式，形成“自下而上”参与式更新的新模式，从而营造社区活力，促进城市特色维护与传承。

第四，借助于信息数字技术的不断发展，不断优化完善城市设计的理论、方法与技术等。一方面，建立在数字化平台上的“3S”技术使得人们可以从城市整体层面上更加全面把握城市发展和设计的水平，有助于在整体上建立现代城市设计所需要的数字技术平台，更好地平衡城市设计中经验感性认知评价和科学理性分析的关系。另一方面，目前大数据应用研究虽较为活跃，但多源信息比较分散，需要结合深度挖掘、神经网络、机器学习等方面的最新进展，探索和创新空间大数据、模式、模型高效集成的城市设计研究范式，建立从物质空间形态、物理环境，到空间结构、环境行为和城市意象等，并在多尺度上提供全方位和全流程支持的城市设计方法体系；探讨大数据方法的应用边界及与传统城市设计方法的协同配合，并积极发展城市设计公众参与、决策支持的大数据整合工具。

二、城市设计的国内外研究动态

1. 中国式城镇化进程及其存在问题与分析

2012 年，我国居住在城市区域的人口第一次超过了 50%，而我们的星球也先于中国进入了城市时代。三十多年来的经济持续快速增长，使得中国已经成为全球城镇化速率最快、建筑工程量最大、城市变化最明显、设计市场最繁荣的国度。

总体看，1949—1978 年，中国城市化进程前期缓慢增长，后期大起大落。在这一阶段，城市建设方针主要受计划经济发展思想影响，片面强调城市工业、特别是重工业的发展，“上山下乡”“三线建设”催生的“逆城市化”现象更是违背了历史潮流。这一时期城市化水平长期低于20%，城镇化率从1949年的10.6%上升至1978年的17.9%，30年间仅增长了7.3个百分点。1978年后城镇化取得快速进展，到1990年，中国城市化率增长到26.44%，2008年45.68%，到2011年末为51.27%，33年间增长了33.3个百分点，而且在中国历史上城市人口第一次超过了农村人口，改变了“以农立国”的基本格局，其增速是同时期世界平均水平的三倍。

然而，近四十年来的中国城镇化率的快速增长，并不能掩盖实效性和内涵缺失的问题；在取得经济腾飞等成绩的同时，城市建设也出现了令人关切和忧虑的问题：①由于劳动力成本较低带来的“人口红利”和由于侵占农业用地带来的“土地红利”的要素作用，加上政府任期制绩效考核的影响，要素驱动城镇化的作用在一个时期被过度放大，普遍存在对城市土地、资源和环境普遍性的浪费透支、低效和无节制的开发。②人口进城及其得到的公共服务滞后于土地消耗和空间扩张。少数大城市凭借政策优势、区位优势和资源优势，以世界城市发展史上罕有的速率扩张成为巨人。相比之下，不少中小城镇显得落后乃至凋敝，大片的农村地区更是成为被遗忘的角落，由于区域发展不平衡和各种资源分布的严重不均，使城、镇、乡级别分化现象十分明显[①]。③城市化率本身也有水分，空间城市化并没有产生相应的人口城市化。更为根本的是，城市可持续发展与资源环境的矛盾已经成为一触即发的严峻问题。由于土地利用效率低，能源和水资源再生利用效率差，生态环境保障能力不足，过去30多年城镇化水平每提高一个百分点新增城市用地1004km^2，新增能耗6000万吨标准煤，新增城市用水17亿m^3，生态环境质量综合指数下降0.0073，从而引发生态系统的功能丧失和退化，严重危害城镇健康发展[2]。

总体而言，快速城市化进程反映到城市建设中，出现了伴随着价值评价标准崩溃的城市形态、建筑肌理和环境尺度的破碎和异质化。正如原中国建筑学会理事长宋春华先生所指出：“在快速的发展中，我们容忍了粗制滥造；城市拥挤了，压抑了，城市变得病态了，不宜居了；城市变得越来越不像我们自己了。城市都越来越一个样了，原有的记忆场所不复存在，而新的记忆场所又建立不起来。政绩冲动的权利霸气和开发商豪气以及建筑师缺乏话语权也给我们城市建设带来了灭顶之灾”[3]。

2. 中央有关城市设计工作的重要举措

新型城镇化强调以人为核心的城镇化，并遵循以人为本、优化布局、生态文明和传承文化四大基本原则。新型城镇化也是一种全新的“中国模式”，强调人的城镇化、城乡统筹；生态文明的城镇化；空间布局合理的城镇化；保护和弘扬中华民族优秀的传统文化；

① 2014年政府工作报告中指出：今后一个时期，着重解决好现有“三个一亿人”问题：促进约一亿农业转移人口落户城镇，改造约一亿人居住的城镇棚户区和城中村，引导约一亿人在中西部地区就近城镇化。

“五化”互动（新型工业化、信息化、城镇化、绿色化、农业现代化）。三十多年来，总体看城市设计得到了长足的发展，一方面，一些经典性城市设计专业问题仍被持续关注；另一方面，一些因时而生的城市问题不断涌现，对其的研究和认识发展促进了城市设计学科的新发展。

（1）2013年中央城镇化工作会议确立了中国特色新型城镇化发展的基本思路

2013年12月，中央召开城镇化工作会议，习近平总书记在会上发表了重要讲话。会议探讨了中国走新型城镇化道路的意义、路径和策略，同时认为当下中国城市建设的主导价值观念出现了方向性失误，城市盲目扩张、遗产保护不足、部分建筑贪大求洋特色缺失，导致“乱象重生”，且有愈演愈烈之势。

会议分析了一段时间以来我国城镇建设存在的主要问题及其观念和制度方面的深层原因，这些问题除了城镇建设决策者发展观、业绩观、崇洋媚外的认识偏差外，在专业层面上也与现行城市规划和建设体制缺乏针对设计质量控制的制度安排，特别是城市设计技术支撑的缺位密切相关。党的十八届三中全会提出了中国特色新型城镇化发展的基本思路。

（2）2015年中央城市工作会议明确了如何发挥城市设计作用的战略发展课题

随着从国家到地方的高度重视，城市设计正在成为解决上述问题、提升城镇建设水平的重要技术手段和管理支撑。因此，在新型城镇化的国家发展背景下，城市设计如何在自身发挥的作用和专业技术支撑方面持续不断地丰富、完善、改进和提升，就成为我们当下需要集思广益和重点探讨的战略发展课题。

对于当前我国城市规划、设计、建设与管理存在的这些问题，中央领导、政府部分、行业内部和公众极为关注，2015年12月召开的中央城市工作会议明确指出，要转变城市发展方式、完善城市治理体系、提高城市治理能力，着力解决城市病等突出问题，会议特别提出要加强城市设计，并达成如下共识：①城市发展对城市设计工作提出新要求。必须认识、尊重、顺应城市发展规律，端正城市发展指导思想，切实做好城市设计工作。②厘清城市设计与城市控规的关系。要加强城市设计，提倡城市修补，加强控制性详细规划的公开性和强制性。③明确城市设计的对象和内容。要加强对城市的空间立体性、平面协调性、风貌整体性、文脉延续性等方面的规划和管控，留住城市特有的地域环境、文化特色、建筑风格等“基因”。④整合城市规划、城市设计、建筑设计三者关系。增强城市规划的科学性和权威性，促进“多规合一”，全面开展城市设计，完善新时期建筑方针，科学谋划城市“成长坐标”。

中央城市工作会议多次提到开展城市设计对于推进中国“新型城镇化”工作的重要性、基础性和必要性，加大对城市设计学科方向的研究和建设力度是时代要求，具有极为重要的理论价值和现实意义。

（3）2016年发布《中共中央国务院关于进一步加强城市规划建设管理工作的若干意见》

2016年2月发布《中共中央国务院关于进一步加强城市规划建设管理工作的若干意见》，提出了战略性指导意见。随着从国家到地方的高度重视，城市设计正在成为解决上述问题、提升城镇建设水平的重要技术手段和管理支撑。因此，在当前新型城镇化的国家发展背景下，城市设计如何在自身发挥的作用和专业技术支撑方面持续不断地丰富、完善、改进和提升，就成为我们当下需要集思广益和重点探讨的课题。

（4）2017年3月公布城市设计试点单位,2017年6月1日开始实施《城市设计管理办法》

2017年2月，住建部提出要推进城市设计试点，大力提升城市品质。2017年3月，住建部公布了首批城市设计试点名单共20个，主要包括北京、哈尔滨、长春、南京、玉溪、呼伦贝尔等城市。2017年7月，住建部公布了第二批城市设计试点名单共37个，包括上海、济南、厦门、镇江等城市。为提高城市建设水平，塑造城市风貌特色，推进城市设计工作，完善城市规划建设管理，依据《中华人民共和国城乡规划法》等法律法规，制定了《城市设计管理办法》，对城市设计相关工作进行了规范要求，本办法共二十五条，自2017年6月1日起施行。城市设计管理进入有法可依和示范实践的新阶段。

3. 国内外城市设计研究动态

进入21世纪以来，伴随城市化进程，建筑与城市问题的内在性关联日益加深，城市设计突破了以往主要关注物质空间视觉秩序的局限，进入关注人文、社会和城市活力的新阶段。当前，中国城市设计发展呈现出学术探索空前活跃，理论方法探索与西方并驾齐驱、工程实践面广量大、技术水平后来居上的发展趋势。

（1）中西方学者在城市设计理论和方法研究齐头并进，从跟跑、并跑再到部分领跑

西方学者继续在城市形态分析理论、城市设计方法论及城市设计实践等相关领域展开探索。代表作包括科斯托夫所著的姐妹作《城市的形成》[4]和《城市的组合》[5]，卡莫纳等学者撰写的《城市设计的维度》[6]、美国学者巴内特教授和琼朗教授有关城市设计的系列论著。《城市设计学报》也持续刊登了城市设计各种命题的研究成果。城市设计工程实践则主要在历史城市复兴、旧城改造更新、城市建筑综合体、城市公共空间、绿地景观等方面有较多探索，从业人员则涵盖了规划师、建筑师、景观设计师、艺术家乃至部分非专业人士。值得一提的是建筑师群体也参与了重大规划中的城市设计问题研究，如鲍赞巴克、努维尔参与了大巴黎规划，哈迪德、福斯特、库哈斯、SOM等参与了世界上一些重要的城市设计竞赛和研究工作并无不取得瞩目成果。

中国学者同步展开针对性的理论研究与方法探索。中国城市设计学科最初总体顺应以美、日为代表的国际城市设计发展潮流起步，90年代开始，逐步建立起中国城市设计理论与方法架构；新千年伊始，随着快速城市化的进程和城市建设社会需求的转型，城市设计项目实践得到了长足的发展，因之，中国城市设计出现了一些体系性的新发展。

在理论探索上先后出版了《广义建筑学》（吴良镛）[7]、《城市建筑》（齐康）[8]、《城

市设计》（王建国）[9]、《城市设计的机制和创作实践》（卢济威）[10] 和《城市设计概论》（邹德慈）[11] 等重要研究论著；另一方面，探讨中国城市设计理论、方法和实施特点的论文不胜枚举，通过对《建筑学报》近十年发表的论文类型看，城市设计已经成为成长最快的热点领域。发展趋势则主要反映在城市设计对可持续发展和低碳社会的关注、数字技术发展对城市设计形体构思和技术方法的推动，以及当代艺术思潮流变对城市设计的影响等方面。

（2）与西方相比，中国城市设计实践呈现出后发的活跃性、普遍性和探索性

欧美城市化进程趋于稳定，其城市设计实践多为局部性项目。从国际视野看，近几十年欧美发达国家因城市化进程趋于成熟而稳定，基于经济扩张动力的城市全局性的大规模的城市扩张基本结束。新千年后，西方国家鲜有大尺度的城市新区开发和建设，较多的是一些城市在产业转型和旧城更新中面临的城市旧区改造项目，也包括一些城市希望通过寻找“催化剂”项目激发城市活力的项目。

从城市设计成果上看，物化的空间形态研究内容较多，较多关注与人们视觉感知范围密切相关的尺度形体。对相关的大尺度城市空间形态而言，城市设计因不具实施需求而研究相对薄弱。

而中国特色的城市设计实践探索则呈现出极大的丰富性。中国与西方发达国家的城市发展时段相位的不同导致中西方城市设计实践的不均衡性。20 世纪 90 年代中期以降，中国城市设计项目实践呈现“面广量大”的现象，反映出四大核心内容：概念性城市设计、基于明确的未来城市结构调整和完善目标的城市设计、城镇历史遗产保护和社区活力营造、基于生态优先理念的绿色城市设计。

中国城市设计项目大都具有诉诸实施的可能性，即使是概念性的城市设计，不少也包含了明确的近期实施的现实要求。不仅如此，中国城市设计项目还具有尺度规模大、内容广泛等特点，因而带有“社会发展、土地管理和资源分配”等与城市规划密切相关的属性。

三、关键科学和技术问题分析

1. 构建新型城镇化背景下的创新型城市设计理论体系

我国城市建设正面临两个重要的转变，即城市建设从增量发展逐步向存量更新转变，以及城镇化进程从土地城市化向人的城市化的转变。构建创新型城市设计理论体系，不能脱离我国现实国情，需坚持以可持续发展为目标，以人的需求为出发点，基于科学与人文并重的原则，从价值理念、设计方法与实施途径三个层面出发，构建一种现实性、前瞻性、科学性并重的城市设计理论体系。

主要子课题：从价值理念层面，充分考虑中国国情与城市建设转型期的特点，建构

基于整体性原则的城市设计价值体系；从设计方法论层面，系统梳理城市设计与交叉学科之间的关系，创造基于多学科整合的全过程城市设计方法平台与体系；从实施途径层面，适应新型城镇化背景下城乡特色塑造具体要求，建构基于整体过程的城市设计和管理的新机制。

2. 基于可持续原则的绿色城市设计与城乡可持续发展

1997 年，中国学术界首次提出“绿色城市设计”的概念和技术方法，认为现代城市设计应在遵循经典的美学、经济和人文准则的基础上，增加“生态优先”和“整体优先”的设计准则，以求得温和渐进、并具有某种自主优化和自我修正能力的可持续性城镇建筑环境的发展[12]。

主要子课题：新型城镇化背景下，城市设计应重点从自然禀赋利用、资源高效整合、气候适应性设计等方向入手，以绿色、可持续发展理念指引理论构建和技术协同创新为技术路线，并重点聚焦以下三方面问题：基于整体优先、生态优先原则，结合自然要素的绿色城市设计；坚持绿色发展，构建持续有序的城市资源运行体系；关注全球性气候变化，开展气候适应性城市设计理论建构和策略研究。

3. 结合遗产保护的城市特色保护与有机更新

城市设计根本上是要塑造一个富有地域历史内涵和文化特色、景致优美、宜居乐业的城市人居环境；而城市设计的地域性和特色化应源自我们对中国本土文化的自觉、自信与自强，既要理性审视中国历史传统及当代文化，也要包容借鉴世界历史文化与现代文明成果，更要着眼未来，保留传统文化要义、革故鼎新，吸纳世界各国文明之优长，采撷异域民族文化之精华，吸纳创新。

主要子课题：城市设计的地域性与特色化源自历史文化的自觉；建立保护与发展统筹的城市设计目标框架；建立特色保护与更新的城市设计原则与方法；基于大数据支撑的城市设计发展；城市特色保护与有机更新；有机更新与动态保护、基因文脉延续的城市设计，结合“城市双修”的渐进式的操作、历史建筑（群）保护的关键技术研发与集成。

4. 基于大数据支撑的城市设计发展

未来城市将进入以人工智能、大数据、云计算等以信息化为主要特征的发展阶段，因此建立云端一体化城市设计、管理与建设平台非常重要。大数据技术对未来城市设计在广度和深度上都有着重要影响，它深化了原本主要依靠采样数据的城市设计分析方法，提供了综合处理多源数据的计量工具，基于数字化的城市设计能够产生较以往更加精细、更加精准和理性感性结合的成果，使得“向权利讲授真理”有了更加切实的依据，城市设计成果的科学性提升了关键的一步。

主要子课题：大数据时代的城市空间形态发展与认知；城市设计大数据技术支撑平台与数据模型建构；基于大数据支撑的城市设计体系建构，包括大数据时代城市设计的内涵、方法与技术的集成创新等。

四、发展路径与重点任务

（一）构建创新型城市设计理论体系

我国城市建设正面临两个重要的转变，即城市建设从增量发展逐步向存量更新转变，以及城镇化进程从土地城市化向人的城市化的转变。构建创新型城市设计理论体系，不能脱离我国现实国情，需坚持以可持续发展为目标，以人的需求为出发点，基于科学与人文并重的原则，从价值理念、设计方法与实施途径三个层面出发，构建一种现实性、前瞻性、科学性并重的城市设计理论体系。

1. 从价值理念层面，充分考虑中国国情与城市建设转型期的特点，建构基于整体性原则的城市设计价值体系

当代城市设计的核心内容是为人创造宜居的场所，关注的是社会成员的整体利益。由此，构建新型城市设计理论体系不仅要专注专业内部价值体系的建设，也应关注城市设计社会价值的实现。在此基础上，我们认为，无论是专业价值观，还是社会价值观都应该突出整体性原则。

（1）立科学性（生态、可持续、绿色）、文化性的专业价值观

在专业层面，城市设计价值体系的整体性原则应包含以下几个层次：其一，在环境层面，应从整体上思考建成环境与自然系统之间的相互关系，关注两者之间的动态平衡，保障人类的永续发展；其二，在学科层面，城市设计应致力于沟通相关学科、专业之间的相互关系，打破相互之间的隔阂，形成具有综合性与整体性的专业活动；其三，在空间层面，应建立城市内部各个系统之间的相互协调关系，建立具有整体性的城市空间；其四，在文化层面，应重视城市物质空间的人文传统与历史积淀，促进与实现城市所承载的文化与历史的延续与发展。

（2）确立社会公平、创造场所、多元参与和双重过程的专业价值观

与此同时，城市建设关系到每个社会成员的切身利益，城市设计不仅仅是一种专业实践，也是一种社会活动，关系到众多利益相关者和社会人群。中国当代的城市设计理论与专业实践，应转变城市开发或城市美化的狭隘视角，坚持社会公平的立场，关注城市中不同利益主体，尤其是弱势群体的诉求，引导城市向着公平、和谐、共享、多元的方向发展。

因此，在社会层面，整体性原则就体现为应该关注社会成员的整体利益。在城市设计决策方式上，应突破以技术专家为主导的精英视角（技术决策），及以政府为主导的城市开发视角（政府行为）的局限性，探寻城市设计中社会参与的新方法，建立利益相关各方的协商制度，加强社会参与在城市建设中的广度与深度。在城市设计的设计与管理过程中确立一种基于“专业决策”和“社会决策”共构的“双重过程”新模式。突出与培养专业工作者在设计与实施全过程中的沟通、协调与综合能力，使得社会公平的目标落到实处。

需要指出的是，城市设计专业价值观与社会价值观两者之间并不矛盾，且是互为表里、相互补充的关系，它们共同构成了当代中国城市设计价值体系的不同方面，其目标就是引导城市向着和谐、高效、绿色的方向发展，创造多元化的城市文化，为人提供富有吸引力的生活场所。

2. 从设计方法论层面，系统梳理城市设计与交叉学科之间的关系，创造基于多学科整合全过程的城市设计方法平台与体系

城市问题的复杂性决定了相关问题的研究与解决必须超越某个专业的狭窄视角，城市设计一个工作重点就是将分割的专业联系在一起，进而加强城市总体环境的整体性和有序性，为建筑、规划、历史、景观、交通、基础设施等相关专业的城市研究，提供一个共同的对话与研究平台，并从城市设计的不同的环节，强调学科交叉的重要导向，以此贯彻城市设计全过程。

（1）基于多学科交叉下的全过程解析方法与途径

多学科交叉下的城市设计以低碳、健康、高效、精细化等为规划目标，涵盖了生态、文化、历史、技术等不同领域的相互交叉，形成具有差异互补和各具特色的城市设计维度。在此过程中，其主要途径包括城市现象解析、问题提出、研究互动、明确核心问题、制定明确设计目标、建立城市空间建设框架、城市设计分级控制引导、成果操作与执行等全过程的设计方法。在此基础上，全新的城市设计将突破城市与建筑学科自身发展的瓶颈，在不同学科的交叉中，找寻城市设计的全新的对外接口与发展新途径，并从历史、文化、社会、空间、技术、交通等不同层面形成技术网络，形成更为宽广的城市视野，使得城市设计对城市发展的各领域形成不同层面的思考与作用体系，最终形成具有开放性而稳定的设计与评价系统。由此在相互循环的作用下可持续发展。

（2）以新技术为支撑的多层次分析与设计方法

在多学科交叉影响与研究的基础上，随着科学技术的发展，“城市触媒”“城市针灸”“分形几何”“大数据分析”“GIS”“空间句法”“虚拟现实（VR）”等新理念、新方法已经成为城市研究的有效辅助手段，合理的组织、运用或可产生更为优秀的空间立体构建与优化执行途径。其中，基于新技术上的多层次分析，如 GIS 分析、SWOT 分析、PEST 分析、情景分析、数值量化、校核分析以及策划分析等方法，使城市设计从传统的定性向新技术支撑下的定量的设计思维转变，由此开拓定性与定量结合下的城市设计新思路。在此基础上，城市设计形成具有不同层级分析下的综合呈现，而这种层级化与系统化结合的城市设计方法，将成为新时期不同要求的作用下，具有综合精细化数据支撑下的城市设计综合结果的呈现，这也为新时期城市设计评价提供了有效的依据。

3. 从实施途径层面，适应新型城镇化背景下城乡特色塑造具体要求，建构基于整体过程的城市设计和管理的新机制

城市设计是一项贯穿于城市规划建设管理全过程的工作，需要结合我国城市发展的具体问题，积极探寻涵盖宏观、中观和微观不同尺度层级的城市设计机制和管理机制，加强以整体城市物质空间形态控制为目标，注重科学理性的自上而下的城市设计方法与以具体空间场所建构为目标，注重感性体验的自下而上的城市设计方法的衔接和融合兼顾宏大叙事和日常生活的不同需求。探寻基于专业决策和社会参与性决策共构的“城市设计决策”机制，兼顾社会各方利益。在城市设计实践中不断完善城市设计与不同层级规划的对接机制，让城市设计在不同规划层面的设计引导与法定条文的编制中，起到重要的衔接作用。探寻宏观结构体系的刚性管控与微观场所环境的弹性引导互动的城市设计管理机制，兼顾整体空间形态秩序性和局部场所环境体验的多样性。

（1）“自上而下”与“自下而上”作用下的“双重过程决策”

改革开放之后三十多年的城市急速发展时期，我国大多数城市大多是以“自上而下”的方式规划建设，这种方式虽然有力地推动了城市的快速生长，但同时也使得城市丧失了传统“自下而上”的发展模式所具有的自然的空间形态、丰富的尺度层级、鲜明的地域特色和强烈的场所归属感，是导致“千城一面”、城市景象和城市建设与社会生活脱节的重要原因。“自下而上”的城市设计方法是对既有城市规划方法的有效补充和完善，是实现整体有序而活力多元的城市发展的重要途径。如何在宏观自上而下整体规划的结构性框架下，在中微观尺度层面为地段和个体项目留有自组织和弹性发展的余地，另一方面，通过针灸式的关键点位的介入，催化和推动周边城市功能、空间的变迁甚至更大范围的整体发展，是自下而上的城市设计需要探讨的问题。

“自下而上”的城市设计在理念上必然要求更深入的社会性参与。“自上而下”的整体架构的建立往往是政府发展意愿和专家意见的体现，社会性参与有利于社会各方面诉求的综合体现，兼顾整体发展计划与现实生活中多方面主体的利益诉求，更好地体现社会公平公正。应关注城市中不同利益主体（尤其是弱势群体）的诉求，从社会公平的角度出发，加强社会参与在城市建设中的广度与深度，探寻城市设计社会参与的新方法，在设计与管理过程中确立一种基于“专业决策”和“社会决策”共构的“双重过程”新模式。

可见，探寻“自上而下”与“自下而上”相结合的设计和管控机制，注重“自下而上”的城市内生动力，兼顾宏大叙事和日常生活的不同需求。探寻基于专业决策和社会参与性决策共构的“双重过程论”城市设计决策机制，兼顾社会各方利益。

（2）完善设计与管控之间的有效衔接

在我国当前的城市规划管理法规体系中，城市设计尚不具备法定地位，因此城市设计要发挥作用，需要探寻一种与现有的规划建设管理制度进行有效衔接与整合的管控方法。住建部组织编写的《城市设计技术导则》已经初步建立起城市设计与城市规划的对应关系，使得城市设计得以贯穿城市规划全过程。在具体的设计实践中，还需要进一步完善城市设计成果吸收和纳入城市规划成果，尤其是控制性详细规划成果的机制，使得城市设计对城市物质空间形态和环境的构想在规划建设管理过程中真正得到实施，起到实效。

城市设计的最终落脚点虽然是具体的物质空间环境，但设计成果不应理解为目标蓝图，而应该是引导目标实现的政策和规则，政策和规则的制定需要熟悉并反映各种推动城市形态转化的力量，创造出在具体时空背景下催化物质空间形态有序生长的规则与途径，并将这些规则和途径转化为规划管理与建设的决策过程。城市设计的成果必须注重与城市规划管理的策略研究相衔接，通过相应的管理政策、标准和规定实施城市设计的管理，具备管理的可操作性。

由此，完善城市设计与不同层级规划的对接机制，让城市设计在不同规划层面的设计引导与法定条文的编制中，起到重要的衔接作用。探寻宏观结构体系的刚性管控与微观场所环境的弹性引导互动的城市设计管理机制，兼顾整体空间形态秩序性和局部场所环境体验的多样性。

（二）基于可持续原则的绿色城市设计

近几十年、特别是 1973 年发生世界性的能源危机以来，人、建筑与环境之间的矛盾日益严峻和尖锐，并对人类的生存和发展构成严峻挑战。与此相关，全球性环境问题、能源问题开始从自然领域逐渐扩展到政治舞台，一系列高层次的国际会议围绕这一主题而召开，并形成一批国际性的行动纲领和文件。从城市规划和建筑学的立场看，人类未来采用何种规划设计技术途径和运作模式才能使得我们的城市建设和建筑环境改善乃至获得可持续性的品质也就成为学术界关注的焦点[13]。与此同时，与环境保护、绿色生态、可持续性设计等相关的各种概念和思想在国际建筑界此起彼伏。

由中国学者提出并建构的绿色城市设计理论与方法体系，提出和强调人、社会和自然关系的整体性重建和代际伦理的问题，突出了生态基础设施对城市持续发展的先决作用。新型城镇化背景下，城市设计应重点从自然禀赋利用、资源高效整合、气候适应性设计等方向入手，以绿色、可持续发展理念指引理论构建和技术协同创新为技术路线，并重点聚焦以下三方面问题。

1. 基于整体优先、生态优先原则，结合自然要素的绿色城市设计

虽然规划设计所依循的并不只是绿色原则，即使是生态概念，也有学者提出它应是包括社会、文化和经济在内的复合生态。但是，从当今世界范围看，在以往的社会和经济演进中最被忽视的恰恰是狭义的自然生态问题，这也是人类自身发展在 20 世纪的最大失误之一。因此，自觉保护自然生态学条件和生物多样性，以及在城市地区修复生态环境，减少人工建设对自然生态环境的压力，是当代城市设计工作者肩上极具道德意义的崇高职责，也是我们实践中致力达到的主要目标。

（1）绿色城市设计的指导准则

在城市化进程中建设案例的实施和人工环境的形成，改变了土地利用和景观的格局，

并将自然和非自然景观转变成城市社区，这或多或少会影响城市的演进过程和自然要素的再生能力，绿色城市设计以整体优先和生态优先为行动的指导准则，它以若干分项局部的绿色设计对策（如规划布局、建筑形态、场地自然条件及开敞空间等）为基础，关注城市乃至更大范围的自然生态和人工系统的统筹协调，并综合运用包括生态增强、生态恢复、生态补偿等在内的一系列与环境和生态学科相关的原理和方法，所以对于城镇环境建设的可持续发展具有极其重要的实践指导作用。

（2）绿色城市设计的内容与层级

倡导绿色城市设计，就要求在城市物质环境层面，更加考虑人类住区与自然生境的高度协调，注重自然环境的保护、城市效率的提升，加大公共交通的配给、绿色基础设施的完善、城市功能混合性的提高；在城市空间营造方面，尊重城市成长的内在规律性，塑造可以持续适应城市功能动态变化的空间模式，尽最大可能减少城市演替带来的“大拆大建”造成不必要的资源浪费，把城市空间的静态使用与动态适宜性统一起来。

同时，按照地区级、街区与社区级以及建筑单体不同层面，遵循不同的设计原则与手法，综合应用绿色设计技术，并在微观层面倡导和应用绿色建筑模式，使用节能保温材料，提升太阳能技术、隔热、通风技术，严格执行建筑节能设计相关标准，把绿色城市设计的理念落在实处。

2. 坚持绿色发展，构建持续有序的城市资源运行体系

（1）城市资源运行系统的构建

可持续发展有着复杂的环境、资源、社会等方面的问题，城市可持续发展的目标是将以往资源与能源耗费型的城市运行系统转变为循环节约型的系统。这显然是一种内在的、也是根本性的变化，需对城市的社会组织模式、经济组织模式以及与其相对应的空间组织模式进行调整，开展包含资源系统构建在内的城市设计绿色专项研究。

秉承循环经济的宗旨，重点开展城市资源循环利用技术及产业化研究，构建城市资源循环利用的技术研发、系统集成和应用试验平台，主要包括以下几方面内容：城市资源流循环利用技术、与建筑整合的分布式能源利用技术、海绵城市的低影响开发雨水回收和利用技术、固体废弃物无害化处理循环利用技术、社区资源循环利用技术等，落实好海绵城市、绿色市政等专题研究。

城市的运转有赖于各子系统，如能源、给排水、垃圾处理、交通运输、社会服务、健康卫生等的协调有序运转。一个城市资源的利用方式很大程度上在城市规划设计的初始阶段就被确定了，其之后的调整对此影响很小。既有的城市资源研究侧重于各子系统内部的效率提升，然而经过多年的发展后提升潜力日渐缩小，通过子系统间相互联系可形成更为综合的链接关系，业已成为当下提升城市资源利用效率的新方向。

（2）整合资源系统的城市设计实践

全球范围内，瑞典斯德哥尔摩哈默比湖城是第一个实践了该城市设计策略的生态新城，其主要理念即在本地区建立循环经济，将流出本地区以外的环境问题最小化。该项目从 2000 年开始规划建设，2004 年部分建成投入使用，即成为世界生态新城的典范。哈默比湖城的成功为可持续城市提供了一条被实践证明切实有效的发展方向，随后斯德哥尔摩又将这套模型用于皇家海港新城的规划建设，丹麦哥本哈根的北港新城、Ørestad 新城，德国汉堡港口新城重点梳理城市生态中的关键空间节点，高度优化能源、水和固体废弃物的流程，提高城市的资源利用效率。该城市资源空间模型可以用于支撑具体地块开发，也可以用来支撑一个城市片区，甚至范围更大的区域规划。

将资源流模型和城市设计紧密结合，进行定量深化和空间拟合，建立可持续发展的本地化阐释，并将模型分析结果应用到不同层次的城市规划设计中。可从总体城市设计开始，就将生态城市设计落实到空间管控、海绵城市、绿色市政和绿色建筑等专题设计中，在总体城市设计指导下，使用半量化的生态循环模型和概念图，来建立在不同系统层面上的能源、水和固体废弃物等要素的综合解决方案。

3. 关注全球性气候变化，开展气候适应性城市设计理论建构和策略研究

（1）结合气候的城市设计生态策略研究

绿色城市是城市可持续发展领域的全新理念，是现阶段全球应对气候变化、环境风险、能源危机以及金融危机后世界经济增长乏力等问题的重要途径。生物气候条件和特定的地域自然要素是现代城市设计最为关注的重要核心问题之一，城市设计可以通过对宜人空间环境营造和自然要素的合理利用有效促进城市的可持续发展。目前城市设计关注城市形态可持续发展的影响因素包括能源利用、环境保护等相关问题。在具体操作上，在对属于城市整体框架层面的城市气候图进行构建的基础上，建立气候适宜技术、生态可持续的设计策略和运作机制等完整体系，分析、总结和运用城市气候条件，并在城市规划设计和发展策略建构中加以关注。

首先，基于低碳节能和环境友好的思想，通过在设计理论和方法上融合特定的生物气候条件、地域特征和文化传统，应用适宜和可操作的生态技术，揭示可持续性的城镇空间发展演化机理、探讨绿色城市的空间结构和形态组织模式，适应低碳城市、绿色社区和零碳家庭的城镇建筑设计新方法，制定城市和建筑设计的绿色量度规程以及行业技术标准。

其次，气候条件是工程项目设计中最基本的影响因素。了解用地及其外部环境是每个可持续设计项目开始阶段中必不可少的环节，应使朝向和紧凑达到最佳程度以减少城区的吸热或热量流失状况，促使城市通过与现有景观、地形、用地特有资源以及周围环境现有微气候相结合达到最小的环境足迹，以维持系统内复杂性（无论生物多样性、生态系统或街区布局），从而有效地利用地形和自然环境，让城市很好地适应当地的气候和生态系统。每个区位有不同特性，每个城市区域须找出自己的方法并制订相应的策略，以实现城市环境的可持续性，并彰显其地域性特点[14]。

（2）城市环境气候图前沿研究

城市气候学及其应用正逐步成为气象应用和城乡规划设计领域的热点问题。在这当中特别值得关注的是城市环境气候图研究，由德国学者提出，也被称为城市环境气候图或城市环境气候图集，包含城市基础数图层和城市环境气候图两部分。其中基础数据图层包括气候和气象数据的分析图、地理地形图、绿色植被覆盖图以及规划数据图。环境气候图由两部分组成，一个是城市气候分析图，将气候评估与分析结果可视化，并结合两维空间信息，利用不同的城市气候空间单位归纳总结出城市气候状况的分布；另一个是城市气候规划建议图，包括城市气候规划实施策略与之相应的规划保护或改善的指导性建议[15]。

城市气候图的关键技术发展更为关注气候空间的量化、多元信息融合细分析以及验证的研究，其中卫星遥感数据与电脑流体动力模拟技术的应用是关键。城市环境气候图有关城市热环境的研究，大多利用卫星遥感数据，再结合土地利用信息等规划数据来分析城市热量或地表温度的空间分布，定义且量化气候空间单位。也可利用风洞模拟或计算机流体模拟技术来实现针对城市中尺度及微观尺度的风环境研究。简言之，城市气候分析图通常包含针对热环境、风环境的分析以及对空气污染区域的确定，结合对基础数据输入图层的信息，可对城市冠层下的热环境、空气流通以及空气污染分布状况进行深入了解，对于解析现存城市气候状况、针对性改善城市微气候环境至关重要，这也是我国未来城市设计气候领域值得研究的关键领域之一。

（三）结合遗产保护的城市特色保护与有机更新

城市设计的根本目的是塑造一个富有地域历史内涵和文化特色、景致优美、宜居乐业的城市人居环境；而城市设计的地域性和特色化首先源自我们对中国本土文化的自觉、自信与自强，既要理性审视中国历史传统及当代文化，也要包容借鉴世界历史文化与现代文明成果，更要着眼未来，保留传统文化要义、革故鼎新，吸纳世界各国文明之优长，采撷异域民族文化之精华，吸纳创新。

1. 城市设计的地域性与特色化源自历史文化的自觉

自 20 世纪 50 年代后期起，城市和建筑文化的地域特色问题一直是城市与建筑界讨论研究和实践的主题，也是事关人类社会可持续发展的重要内容[16]。事实上，早在一个多世纪前，拉斯金就从大规模的生产过程推测工业品将丧失工艺的诗意，城市设计和建筑创作也应以此来应对城镇建设中日趋严峻的特色危机和文化多元性之消亡。在此领域，阿尔托、罗西、柯里亚、法赛、巴拉干、西扎、巴瓦、梁思成、杨廷宝、冯纪忠、齐康、何镜堂、王小东、崔愷、王建国、卢济威、朱子瑜、王澍等做出了多元化探索。相比发达国家，中国虽然经济发展滞后，但目前城市特色问题与西方国家一样已非常普遍而严重，说“特色危机”并非危言耸听。

中国是世界上历史文化遗存最丰富的国家之一，加强对历史文化遗产的保护，使城市在体现时代精神的同时富有传统特色，是建设现代化城市进程中必然要面临的重要课题。探求地域性的、具有中国本土特色的城市设计和遗产保护技术途径近年已经取得显著进展[①]。

对城市空间传统复兴的基本认知从发展看，这一领域的主要科学问题是地域性的城镇环境特色和历史遗产保护技术的现代化：

首先，地域性的城镇环境特色关注城镇建筑的地区差异，倡导建筑文化的多元性，问题的提出主要是基于对现代建筑运动推崇工业化、标准化而导致的全球性的城市和建筑的千篇一律的反思。现代建筑虽然综合了时代发展和科技进步的内容，且形成了自身的建筑设计方法、空间形态构成、技术逻辑和价值评判体系，但其基于工业化、标准化的大量性建筑的建设也造成千篇一律的城市面貌，导致地域文化特色的丧失，并没有从根本上解决现代建筑如何与特定国家和地域背景下的建筑传统结合的问题。

其次，随着多媒体产业发展和数字技术的广泛应用，历史建筑和文化遗产保护也开始进入了数字化领域，并实质性地推动了该领域的科技进步。联合国教科文组织从 1992 年开始推动“世界的记忆”项目，旨在世界范围内、在不同水准上，用现代信息技术使文化遗产数字化，以便永久保存，并最大限度地使公众享有文化遗产。其后，各种“信息技术”开始介入各类文化遗产保护的领域，并使城市和建筑遗产的保护方法和相应的技术手段有了新的拓展。

2. 建立保护与发展统筹的城市设计目标框架

相对于一般的城市，历史性城市在各级文保单位、历史遗存、历史地段或街区、历史环境等显性层面具有突出的特征，也在抽象的文化系统层面，如地方传统生活方式、文化价值认同及行为活动方面具有鲜明特色。二者紧密关联，互为因果，共同形成城市的历史价值。同时，城市作为一个历时性的发展过程，新时期下面临着空间拓展、经济产业调整、市民生活水平提升的迫切需求。因此历史性城市和街区保护与发展的二元矛盾需在总体价值层面形成统一，避免静态的保护，也杜绝在发展的托词下对城市历史传统的破坏。

3. 建立特色保护与更新的城市设计原则与方法

（1）系统动态的保护与更新原则

在整体的系统构架下，对历史性城市和街区的保护与更新的研究与探讨必然超越传统基于建筑个体保护与更新的局部、微观视角，形成显性与隐性二维互动构架下的、更为宏观与整体的保护与更新框架。

---

① 如清华大学吴良镛等完成的北京菊儿胡同类四合院有机更新、东南大学的南京老城空间形态和特色研究和镇江西津渡历史街区项目中均体现了当代建筑遗产保护的最新概念和思想，并结合项目要求综合运用了一些新技术。

城市是物质空间历时性的过程累积，城市的形成与发展是适应于地域性气候特征、地理条件、社会结构、产业特征、生活方式、文化传统的结果。具有一定基本构架的“超稳定”性，在总体空间结构上，不随时间的转变而变化。同时，城市在系统及元素的构成层面呈现出对外部发展条件的动态调整，使其具有自组织和他组织下的适应性平衡，以获得存在及发展的基本条件与动力。

相对于整体结构的“超稳定”态，中观层面的城市街区具有更为能动的特质，受外部作用的影响从而产生功能性的调整，并反映于空间形态的特征演化。在整体上形成城市片段的拼合状态。街区层面的总体肌理特征，是稳定性与适应性共同作用的结果，受到上层结构与微观组成的合力影响。因此，对于保护与更新不能停留在城市空间发展的某一相对静态阶段，而要从系统动态演化的视角对保护与更新的目标、方法做出针对性的反馈。

（2）保护与更新设计的层级结构与方法体系

历史性城市与街区的保护与更新是其可持续发展的重要途径，其基础在于清晰界定具有保护价值的层级结构，从而达成方向上的引领。整体空间结构的生成演变、特征要素及动态影响机制，街区空间结构优化与容量提升策略，微观空间单元的生长性及其对街区肌理面域的适应性等三个方面构成了研究的层级基础。

在操作层面，建立与层级研究向对应的历史文献研究、现状调查与评价分析技术、保护与发展规划及总体控制、保护的科学技术手段及技术规范、保护法规及准则制定等技术途径形成目标实现的必要保障。

4. 城市特色保护与有机更新

针对当下城市特色危机与传统日渐式微之现状弊端，应对以人为本，传承文化的新型城镇化发展需求，对城镇历史遗产的保护和社区活力的营造是城市特色保护与有机更新的重要策略。基于有机更新、微循环改造、再生设计等理念，从历史性城市、历史街区、文化遗产与传统建筑等层面出发展开研究，形成一套切实可行的城市更新操作规程与导则；同时引入公众参与、社区参与性建设等模式，形成“自下而上”参与式更新的新模式，从而营造社区活力，促进城市特色维护与传承。

（1）有机更新与动态保护

城市有机更新抛却了单纯由功能出发的现代主义城市更新方法，将城市的历史价值、空间价值、经济价值加以整合，形成了以多元理论体系为基础，以形态操作为外显的科学架构。未来该专业方向将更加聚焦于城市传统区段与街区的适应性演化过程及空间特质核心，并在此基础上形成针对中国现阶段城市发展规则的有机更新理论，具体体现在：多尺度空间结构的生成演变、特征要素及动态影响机制；空间结构优化与容量提升策略；微观空间单元的生长性及其对街区肌理面域的适应性等方面。

建筑遗产保护与历史街区更新紧密相关。我国在对西方建筑遗产保护理论扬弃的基础上，并结合自古而来的“维修与利废”理念，在20世纪初期，初步形成了现代文物保护观念。在经历了五十年代的文物建筑保护理论与管理体系的建立及八十年代文化遗产保护理论与方法发展之后，当前我国面临着保护观念及技术方法的双重突破与发展要求。一方面，保护的内涵由保护单体建筑拓展到对历史环境的保护，将区域的整体肌理与建筑形态控制纳入保护体系；另一方面，将静态的博物馆式的保护方式调整为以适应性利用为前提的动态保护措施。这方面我国的理论研究将主要落实在世界人居环境典型案例，中外城市和建筑历史史学理论，现代建筑理论，东方建筑，中国古代建筑技术史，历史建筑遗产数据库，建筑遗产保护技术组合，中国乡土建筑的演变、再生和发展等方向。

（2）结合“城市双修”的渐进式的操作

历史性街区的空间肌理是形成街区特色的基础，其中的历史性建筑是具有文化价值的点状要素，构成了街区的核心内涵。二者相互结合，形成点、面并置的共时状态。实现历史性街区的有机更新，一方面要通过城市织补，重整街区的空间肌理，通过街巷结构与空间单元组织格局的适应性调整，还原历史上空间组织结构的原真性，并适应于当代的物质生活需求；另一方面，通过历史性建筑的保护及适度的再利用，实现物质载体的活化与文化价值的再现。这两个具体的操作模式是对“城市双修”在历史性街区更新中的集中体现，代表了城市特定场所空间系统性的修复、弥补和完善。

我国过往在传统街区改造中一再出现的“推土机”式的大拆大建并不可行，我们今天需要以一种新的态度正确对待城市中的宝贵遗产。小规模、渐进式的微循环改造与复兴正是解决深度城镇化背景下存量更新的重要操作手段。在整体统一的原则控制下，通过多样、灵活的处理，鼓励公众参与，在保持城市渐进性的发展过程中最大限度地保护街区的历史人文环境和风貌特色。在这一主导思想下，未来历史性街区更新的策略研究将体现在微更新改造目标、主体、内容与方式；社区活化的组织模式与行动路线；精细化动态管控与参与式设计“上下互动”的操作模式方面。

针对目前城市既有住区中的突出问题，为改善人居环境质量，全面提升住区功能和环境质量，提出系统而科学的既有住区更新活化方法，需关注的相关研究要点应包括：住区与相邻地块空间的互相影响和形态风貌的整体融合；住区空间形态及公共空间品质间的影响机制；定性与定量相结合建立住区公共空间品质的评价体系；“自上而下的”精细化规划管控动态指标体系；“自下而上”的社区微更新的组织模式与行动路线；结合信息技术的社区智慧化提升等。

（3）基因文脉延续的城市设计

基因文脉延续的城市设计方法意味着对城市景观和形态风貌的有机性和历史连续性的重视，是解决城市空间特色危机的重要途径。

城市形态基因文脉的研究阐释了形态要素性状构成的逻辑，包括要素性状的发生原因和构成规律。采样、提取和分析城市形态基因是在城市物质空间层面上保护和延续城市历史文脉和场所精神，理解城市形态诸要素发生、发展、演变、异变规律的重要工作，同时是解读人作为创造城市和建筑的主体而表现出的“自发性”和“群体一致性”建造行为的类型学特征的重要路径。

对形态基因文脉的定性描述注重实证分析和调研分析，涉及城市形态学、历史学、类型学和现象学等知识体系，对形态基因文脉的定量描述则广泛结合计算机、大数据和人工智能，表现为对科学哲学和科学工具的倚重。对城市形态基因文脉的定性和定量研究可以而且应当成为城市空间形态设计、场所塑造以及城市设计导则编制的内在依据。

（4）历史建筑（群）保护的关键技术研发与集成

城市在发展过程遗存下大量不同年代、类型多样的历史性建筑（群），它们是城市特色的核心组成部分，也是城市文化的重要物质载体，且其中仍有很大比例承担着现实的使用功能。如何合理有效对其加以保护和利用，对改善人居环境质量、提升安全性、传承城市文脉具有重大意义，也符合当前世界范围内重视建筑遗产保护和再利用的国际潮流。目前相关规范标准的缺失、改造提升技术的欠缺等严重制约了对城市历史性建筑（群）进行有效的保护和再利用。

针对目前城市历史性建筑（群）保护与经济社会发展的矛盾，全面提升城市功能和环境质量，改善人居环境，相关研究要点可包括：性能化保护及基础设施改善等共性关键技术；结构保护及安全性能提升关键技术；使用功能拓展及与性能提升一体化关键技术；建筑（群）物理环境改善关键技术；景观保护与环境质量原位修复关键技术；传统营建工法和工艺的抢救性保护及改良传承技术。

在以上研究基础上，可选择具有代表性、富有鲜明地域特色的典型历史性建筑（群）进行适应性保护与综合开发利用的集成示范，实现建筑遗产保护、建筑设计和建造施工的技术升级。

（四）基于大数据支撑的城市设计发展

新一代城市设计范型以基于大数据的技术方法工具变革为特征。未来城市进入以移动互联网人工智能、大数据、云计算等一系列以信息化为主要支撑手段的发展阶段，再加上此前的地理空间信息数据集成，针对城市设计与管理大数据领域的大数据特征，建立云端一体化城市设计、管理与建设平台，开发大数据模型库，搭建公众参与的网络化互动平台，构建基于大数据的城市空间发展模型验证、评估与预测等研究，促进城市设计与管理之间的有效衔接，提升城市智能化管理与服务水平。针对城市设计与管理大数据领域的大数据特征，探索包括以下三个方面：第一，在背景研究方面，关注大数据时代的城市空间形态发展与学科创新；第二，在技术研究方面，开展城市设计大数据技术支撑平台与数据模型建构；第三，在应用研究方面，创建基于大数据支撑的一体化城市设计方法体系。

大数据技术对未来城市设计在广度和深度上都有着重要影响：从宏观的区域和城市，到中观的片区和节点，再到微观的街区和建筑，大数据深刻改变着城市设计对象和方法。

面对新的复杂问题，城市设计将打破学科壁垒，体现计算机、设计、交通、景观、地理、数学等学科深度交叉融合；大数据技术深化了原本主要依靠采样数据的城市设计分析方法，提供了更加精细的新的视角和工具；基于对大数据时代的城市对象和技术方法研究，改变了对城市设计学科内涵和目标的认识。

大数据技术日新月异使城市设计方法创新成为可能。通过可与城市规划共享数据集取，分析和管理平台，城市设计不再仅仅由于三维形态评判因人而异的主观性而无法应对大尺度城市空间形态，更不可能获得所谓“法定”依据。在一定的场合，数字化城市设计可以相对独立自成逻辑系统，并获得问题解决的独特路径。大数据一定程度上加深并改变了人们对城市形态和空间组织规律性的认知，其数据库成果为城市设计全新的成果形式，而且可以直接融入规划管理中。

从目前的实操情况看，大数据支撑的城市设计既可归属上位高层次规划，也可与规划合体作用，其基于科学量化的成果特点，使得“向权利讲授真理”有了真正切实的依据，城市设计成果的科学性提升了关键的一步。

概括起来，相关研究方向包括以下三方面。

（1）大数据时代的城市空间形态发展与认知

大数据时代的人的生活和交流方式深刻改变，这影响着人们的空间认知观念，同时改变着城市空间形态的格局和模式。该方向拟认识与解析大数据时代城市运行、居民生活、空间认知及空间形态的变化规律与特征，挖掘和提炼大数据时代的城市空间形态机理与成因。①大数据时代城市空间形态的特征与模式。关注大数据时代物质空间、人类行为、城市运行与信息自动化的持续结合，把握城市空间性质、观念及使用方式的变迁，解析大数据时代城市空间网络的体系构成、形态特征和格局模式。②大数据时代城市空间形态的成因与关系。在大数据技术加速知识、人群、资金等要素时空交换的背景下，充分认识城市空间要素的紧密性和复杂性，分析人口分布、能源消耗、交通出行、环境质量、功能服务、经济发展与空间形态特征模式的因果关联，揭示大数据时代城市空间形态的生成规则和关系逻辑。③大数据时代城市空间形态的演变与发展。基于大数据技术的信息化和智能化，实时监测空间形态发展变化，描述空间形态时空演变的动态过程，阐释空间形态发展趋势的共性规律及个体差异，评价和预测空间形态发展演变对城市运行、时空行为的影响，继而进行合理的城市设计干预与引导。

（2）城市设计大数据技术支撑平台与数据模型建构

大数据技术平台为城市设计的直接应用提供便捷有效的集成工具库，具体内容包括城市空间信息技术集成与处理技术，城市设计与管理的大数据的分析、处理与表达技术，云端一体化城市设计与管理平台构建等。然而，数据获取和管理是目前的制约瓶颈，数据挖掘和模型建构是重要发展方向，相关研究内容包括：面向城市设计的多源大数据采集与整合，基于可视化平台的大数据开放管理和开发支持，基于大数据的城市设计智能预测与决策支持系统构建等。该方向拟结合既有模型的优化与拓展，建构基于大数据的城市空间发展模型，通过模拟、验证和反馈，指导城市设计。

①基于多学科交叉的大数据综合模型建构。依据大数据全面、海量的信息，立足于新的城市经济、社会制度、交通方式、通信手段与设计、景观、地理、计算机、数学等学科的交叉融合，建立囊括城市空间、时间、人、环境等因素的大数据综合模型。②全尺度、高精度的大数据模型建构。基于大数据信息层次的完整性和连贯性，建构全尺度、高精度的大数据模型，覆盖宏观、中观、微观不同尺度层级，进行更为精细、准确的模拟分析，突破传统城市空间分析尺度分异的局限，提供贯穿总体到局部各个尺度的指导依据。③特定问题导向的大数据模型建构。从大数据分类处理和关联组合的角度，针对具体问题，提取和整合相关数据，建构日常活动－社会心理－空间评价模型、空间－社会网络模型、土地使用－交通－经济－空间互动模型等特定问题导向的大数据组合模型。④面向动态发展的大数据过程模型建构。利用实时模拟和传感等大数据技术，集取城市时空间变化信息，建构城市空间形态形成与发展的全过程模型，模拟城市空间的持续运转和多因子时空互动的复杂动态过程，进行数据实时更新，为空间形态演变的分析与预测提供支持。

（3）基于大数据支撑的城市设计体系建构

20 世纪 90 年代以后，在世界范围内，数字技术在建筑学领域中的运用已经从早期的辅助建筑设计发展渗透到从建筑教育研究、城市设计和建筑设计虚拟、城市和建筑历史研究等各个层面。建立在以数字技术为代表的各种新技术基础之上的信息化城市，其空间设计方法有两个主要发展趋势：其一，发展新型城市空间，并依托科技进步逐渐更新现有城市空间和活动组织方式；其二，丰富和发展建筑学科，形成新的设计理论与方法及其所依托的数字科技创新平台。这种技术平台将大大提高人们对城市空间的理解能力，加深并拓展空间研究的深度和广度，实现规划设计方案在现实空间中的完全和实时虚拟，对设计方案及其结果进行精确数据分析和预测。

上述问题较为全面地反映了规划设计从初步构思到确定方案的两极向中间阶段同步发展的工作过程。从世界范围看，这一领域目前已经成为建筑学科最具成长性的学术前沿领域，并将深刻影响学科的未来发展。大数据为城市设计学科的知识更新与技术升级提供重要机遇。基于数字技术，可建构一套理性的空间—环境整合的价值观及其操作平台，提高建筑设计的效率和合理性，改变传统的规划设计信息集取、处理和思维方式，推动相关硬件和软件技术的进步。

随着科学技术的发展，“城市触媒”“城市针灸”“分形几何”“大数据分析”“GIS”“空间句法”“虚拟现实（VR）”等新理念、新方法已经成为城市研究的有效辅助手段，合理的组织、运用或可产生更为优秀的空间立体构建与优化执行途径。伴随数字信息技术的迅速发展，城镇规划和建筑设计领域将在城乡识别、城镇要素动态监测、城市环境信息集取分析、规划设计技术可视化过程、多目标自动设计技术、多智能体系统中的设计信息管理系统，和计算机参数化和生成建筑设计（CGD）等方面做出研究开拓。相关研究方向可概括为：①大数据时代城市设计方法与技术的集成创新。运用大数据技术，拓展和深化城市设计方法，探索和创新空间大数据、模式、模型高效集成的城市设计研究范式，积极发展城市设计公众参与、决策支持的大数据整合工具。在探索和整合相关数据采集技术、数据分析技术、数据可视化技术、信息交互技术、数据管理技术、数据挖掘与智能支持技术的基础上，针对特定城市设计问题形成大数据方法的集成创新。②大数据支撑的城市设计方法。把握大数据“相关性”逻辑与城市设计“因果性”学科本体的关系，注重大数据对城市设计及城市发展的潜在风险与应对策略。合理界定大数据技术应用领域的范围和局限，根据需要有效协调大数据方法与传统方法的融合创新。③大数据时代城市设计内涵。因应大数据时代的城市变化，重新思考城市设计的概念与内涵，认识大数据时代城市设计的核心作用，界定城市设计在城市建设管理体系中的序位与价值。针对大数据引发的城市设计对象、理论和目标的变革，探索大数据时代城市设计理论形成与发展的关键要素，建构和完善大数据时代的城市设计理论架构、范畴与内核，确立其个体性、动态性和过程性的目标导向。

五、政策和措施建议

新型城镇化强调以人为本、优化布局、生态文明和传承文化“四大”原则和新型工业化、信息化、城镇化、绿色化、农业现代化“五化”互动，这是一种全新的“中国模式”，强调人的城镇化、生态文明的城镇化、空间布局合理的城镇化，要保护和弘扬中华民族的优秀传统文化。近一段时间我国城镇建设中出现了一些问题，这些问题除了城镇建设决策者发展观、业绩观、崇洋媚外的认识偏差外，在专业层面上，也与现行城市规划和建设体制缺乏针对设计质量控制的制度安排以及城市设计技术支撑的缺位密切相关。

（一）几点思考

随着从国家到地方的高度重视，城市设计日益成为解决上述问题、提升城镇建设水平的重要技术手段和管理支撑。因此，在新型城镇化的国家发展背景下，城市设计如何在自身发挥的作用和专业技术支撑方面持续不断地丰富、完善、改进和提升，就成为我们当下需要集思广益和重点探讨的课题。新型城镇化带来了城市设计的新课题和多元化转型，大致有以下几点：

第一，破除单纯的城市设计专家精英模式和政府主导方向的模式，加强城市设计实践的公众参与和利益相关各方协商，在管理中确立基于专业决策和参与性决策共构的“双重过程论”新模式。

第二，城市设计不再仅仅为城市开发、宏伟蓝图式的版图扩张愿景、城市旧区绅士化改造服务。我们日常所主要依据的“自上而下”实施的城市设计，与当今强调的基于城市社会复杂性的“治理”、总体化逻辑之外的随机性和多元性是背道而驰的。城市设计应关注多维的设计范围和对象，更加应该注重“自下而上”的城市内生动力，关注中国城市发展的历史经验和渐进优化完善的形态演进过程。

第三，城市不再是简单的“城市美化”。只是关注领导所热衷的城市外表景观“变样”，如大广场、景观路、摩天楼、城市窗口地段等。城市设计的目标和服务对象应该向尚未享受到城市化利益的社会阶层和人群延伸；关注地域的城镇功能、社会价值和文化的持续发展；城市设计为业主服务的边界绝不仅仅停留在主要以美学作为主要评判标准的技术图纸上。

第四，在新型城镇化推进、促进城乡科学治理的背景下，城市设计要担负起对乡镇建设的指导作用。其中特别要关注“乡”的内涵。由于产业特点、土地权属、生活方式、文化习俗等方面与城市有着显著的不同，所以乡（镇）村规划编制也要积极运用城市设计的方法和理念，营造宜居的人居环境。

（二）实践共识

对于当前我国城市规划、设计、建设与管理存在的诸多问题，中央领导、政府部门、行业内部和公众都极为关注，2015 年 12 月召开的中央城市工作会议明确指出，要转变城市发展方式、完善城市治理体系、提高城市治理能力，着力解决“城市病”等突出问题。有关加强城市设计，也提出了如下共识：

第一，要认识、尊重、顺应城市发展规律，端正城市发展指导思想，明确城市设计的定位，借鉴欧美设计控制的经验，切实做好城市设计工作。

第二，厘清城市设计与城市规划的关系。在我国现有规划体系框架下建立与规划控制并重的设计控制体系；要加强城市设计，提倡城市修补，加强控制性详细规划的公开性和强制性。配合城市特定层次的法定规划组织城市设计专题，尤其是在城市宏观和中观尺度的规划上必须要融合城市设计的成果。

第三，明确城市设计的对象和内容。要加强对城市的空间立体性、平面协调性、风貌整体性、文脉延续性等方面的规划和管控，留住城市特有的地域环境、文化特色、建筑风格等“基因”。

第四，建立城市设计相关制度，统一认识，规范城市设计的编制和管理；建立与规划管理对接的城市设计管控机制，强化城市设计实效性。

六、发展趋势与展望

新型城镇化背景下，面对日益复杂的城市环境和能源紧缺状况，依据世纪之交城市设计学科发展趋势和城镇发展转型的内在动力，从理论、原理、技术和方法以及工程实践探索等层面针对城市设计展开研究和技术攻关，探究城市、人、自然与技术之间的关联与融合。坚持以可持续发展为目标，以人的需求为出发点，基于科学与人文并重的原则，从价值理念、设计方法与实施途径三个层面出发，构建一种现实性、前瞻性、科学性并重的城市设计理论体系；倡导绿色城市设计，提出和强调人、社会和自然关系的整体性重建和代际伦理的问题，突出自然、气候、资源等生态要素对城市可持续发展的先决作用；全球化背景下结合遗产保护的城市特色保护与有机更新强调既要理性审视中国历史传统及当代文化，也要包容借鉴世界历史文化与现代文明成果，保留传统文化要义、革故鼎新；数字化城市设计则是一次以工具方法革命为前提的范型跃升，数据库第一次被作为城市设计的基本成果形式呈现，且能够容纳并处理与其他三种范型所需成果的海量信息、可以建构与城市规划共享的数据平台从而可以更有效地进入设计管理和后续实操。

当代数字技术发展风起云涌，城市设计日益受到来自多源数据及其环境变化引起的挑战，这一挑战涉及大数据、人工智能、机器学习及计算机图学等多个方面。城市设计有关城市“大数据”的理论和技术方法因此也获得了一次突破性发展的机遇。目前，城市数据集取分析的尺度、精度较先前有很大的进步。就城市设计涉及的空间形态而言，以云计算、大数据为依据的城市设计正在走向一次新“计量革命”。数字技术深刻改变了我们看待世界物质形态和社会构架的认知和看法，某种意义上是一种全新的世界认知、知识体系和方法建构。大数据技术部分也改变了我们传统的公众参与和调研方式。

城市设计专业发展必须要完成“从数字采集到数字设计，再从数字设计到数字管理”的重要跨越。很重要的一点是数字化城市设计具有可量化定格、过程开放、允许实时修改且整体联动的特点，它与以往依据主观判断、经验和审美的城市设计过程如果结合起来，那么城市设计就会有一个“范型”的重要突破。

当代人工智能技术正在飞速发展，人机互动和绿色智慧城市的种种特性尚在探索之中，未来图景并不十分明朗，但却引发人们无限遐想。答案不管如何，准确可靠、整体系统和充分的信息获取及其分析处理一定是未来城市建设发展最重要的前提，在将原先分属社会、经济和自然不同系统的基础信息整合处理并建立共享的大数据平台基础上，城市设计就可以克服以往的主观定性决断主导和实施操作失效的危机，更好地体现当代系统协同的优势，未来就会步入一个人机互动的城市设计全新发展时代。

参考文献

[1] 王建国 . 21 世纪初中国建筑和城市设计发展战略研究［J］. 建筑学报，2005（8）: 5-9.

[2] 住房和城乡建设部科技发展促进中心 . 中国建筑节能发展报告：既有建筑节能改造（2014）［M］. 北京：中

国建筑工业出版社，2014.

［3］王建国．从反思评析到路径抉择——“2013 中国当代建筑设计发展国际高端论坛”综述［J］．建筑学报，2014（1）：2.

［4］科斯托夫．城市的形成：历史进程中的城市模式和城市意义［M］．单皓，译．北京：中国建筑工业出版社，2005.

［5］科斯托夫．城市的组合：历史进程中的城市形态的元素［M］．邓东，译．北京：中国建筑工业出版社，2008.

［6］Carmona M，Heath T，Oc T，et al. 城市设计的维度［M］．冯江，译．南京：江苏科技出版社，2005.

［7］吴良镛．广义建筑学［M］．北京：清华大学出版社，2011.

［8］齐康．城市环境规划设计与方法［M］．北京：中国建筑工业出版社，1997.

［9］王建国．城市设计（第三版）［M］．南京：东南大学出版社，2011.

［10］卢济威．城市设计的机制和创作实践［M］．南京：东南大学出版社，2005.

［11］邹德慈．城市设计概论：理念・思考・方法・实践［M］．北京：中国建筑工业出版社，2003.

［12］王建国．生态原则与绿色城市设计［J］．建筑学报，1997（7）：8-12.

［13］徐小东，王建国．绿色城市设计：基于生物气候条件的城市设计生态策略［M］．南京：东南大学出版社，2009.

［14］Lehmann S，胡先福．绿色城市规划法则及中国绿色城市未来展望［J］．建筑技术，2014（10）：917-922.

［15］任超，吴恩融，Lutz K，等．城市环境气候图的发展及其应用现状［J］．应用气象学报，2012（10）：593-594.

［16］Cohen N. Urban Conservation: Architecture & Town Planner［M］. Cambridge: The MIT Press，1999.

撰稿人：王建国　徐小东　鲍　莉　张　愚　朱　渊　王　正
唐　斌　顾震弘　邓　浩　费移山　蔡凯臻

全球化进程中的中国建筑文化发展战略研究

一、引言

“建筑文化”的讨论有三层意涵，一是社会文化特质内化于建筑所表现出的形貌和气质；二是建筑如何影响人们的空间行为及人际关系；三是对建筑传统与时尚的系统思考、传播及其理论化。从推进建筑学的学科发展角度看，三者都需要从理论分析入手展开讨论。

（一）建筑文化与当代艺术

在如今资讯高度发达的大数据时代，现代主义的观念和技术进步背景无疑仍是影响现实的主流，建筑文化演进的特征主要体现为：复杂的图像拼贴，原创淹没于复制，产地模糊化，地方特征日渐弱化乃至消失；数字技术突破工业体系局限，标新立异挑战实用理性，非标化成为空间消费的时尚。在这样的背景下，国际“明星”建筑师及其创意作品，以不断出新的“先锋”姿态，左右着建筑时尚变化的晴雨表，并以极端的个性化区别于复制时代的时俗化，掌控了国际“建筑艺术”的话语霸权，俨然成了当代建筑文化的“价值化身”。这种嬗变的艺术背景，是激进现代性对传统审美尺度和美学准则的持续颠覆，即认为美的标准是主观的、相对的、偶发的，甚至幻象的，因而审美应当多元化、相对化，不该有普适的、绝对的，以及脱离个人生命体验的美学法则，这成为一切当代艺术和建筑文化的审美价值取向[1]。

然而，“艺术”之于建筑需要附加社会成本，一旦社会财富在某个地方发生冗余时，“建筑艺术”的分量往往就会大幅增加，在建筑空间的创意和塑造上不惜工本，古今莫不如此。菲利普·约翰逊因此调侃“建筑就是琢磨如何浪费空间的艺术”（architecture is the

* 本专题报告亦得到了国家自然科学基金面上项目的支持（批准号：51678415）。

art of how to waste space）。亦即，建筑不仅要应对日常实用需要，而且要满足文化消费欲求，而“浪费”是必须付出的空间消费成本。于是建筑的美学问题便转化成了伦理问题，与社会主流价值观和经济运行状况直接相关。就此而言，可以说建筑文化实质上是适应社会经济、文化发展条件及水平的结果，离开了外部条件是无法解释其演进脉络的。

（二）建筑文化与现代性批判

西方对现代性持批判态度的法兰克福学派代表人物如哈贝马斯（Jürgen Habermas）和文化保守主义者如丹尼尔·贝尔（Daniel Bell）等人早就指出，传统意义上的“文化”，作为价值系统，对现实生活具有双重性：既高高在上与之隔离，又深深嵌入对之掣肘。然而随着现代性（modernity）的推进，今天的文化与生活实已合为一体，呈现为一种单一的向度（single dimension）。与之相伴的，是现代主义文化及其先锋艺术穿越了日常生活的价值底线，以巨大的诱惑力染指世间，使无节制的自我实现原则，追寻真实体验和放纵感官刺激的主观化，统统获得了正当性[①]。艺术中的人性欲望可以在现实生活中呈现，并愈来愈变得司空见惯。这意味着历史演进不再被认为具有某种终极目标，传统价值对生活“必然”的约束就此失灵，蕴含着历史性的艺术标准也随之多元化，艺术似乎获得了失去方向感的“自由”。

而建筑文化的表象——“建筑艺术”这一转变的代价，则是传统的（包括现代传统的）艺术审美价值和评判尺度被解构，甚至完全崩溃，现代艺术随着表达对象的瞬息万变而飘忽不定，传统意义上的雅俗、美丑，甚至善恶标准及界限被模糊化，甚或被彻底解构，艺术意象的原型碎片化，并在时空错乱中被梦境般重构，一些光怪陆离的异形化建筑形式亦属此列。虽然艺术的历史信息数量空前，但作为历史载体的传统哲学和文化体系已失去了提供价值判断准则的作用。加之今天的艺术创作大多浮于现实的表层，穷于应付当下的文化消费需求，更难从历史深层中获得评判的模式了。艺术和建筑层面的现代性受到批判和否定，在此也可见一斑。[②]

综上，探讨当代建筑文化的演进趋势，离不开对现代性和反思现代性（如争议中的“当代性”，contemporaneity）的深度认知，尤其是解析其在城市意象和艺术形式上的呈现及其本质。

二、建筑文化的核心理论

（一）建筑文化与场所精神

从社会历史及其物化形式的本源看，建筑最初只是庇护人类活动的掩体。随着文明

① 尤尔根·哈贝马斯（Jürgen Habermas）和丹尼尔·贝尔（Daniel Bell，1919—2011）等人的观点，参见：波罗·帕托给西（Paolo Portoghesi）：现代建筑之后（四）。常青，译 //《建筑师》，（37）：127–140。

② 意大利建筑理论家阿尔甘（Giulio Carlo Argan）和塔夫里（Manfredo Tafuri）等人的观点，参见：塔夫里：《建筑学的理论和历史》。郑时龄，译。北京：中国建筑工业出版社，1991：33–41。

的演进，各个时代的工巧匠心不断融入建筑，并与物质条件和生活形态相适应，逐渐形成了秩序化、习俗化和仪式化的空间形态。所以，建筑是保持一种文明延续性的空间载体，“建筑文化”亦属社会历史范畴。从宏观视野上看，建筑文化不应是一个抽象而模糊的概念，而是城乡建成环境在特定时代的物质条件和文化特征作用下所呈现出的，包括建筑、城市和景观等要素的建造物（built artifacts）之外的风貌及内在性格。

农耕时代的建成环境相对封闭，更多地因应地域环境、气候、材料等物质条件和地方文化传统，形成了识别性明显的地域风土建筑谱系。18—19 世纪兴起的工业时代则打破了这种物质条件的限定，追求万事合理的现代性（modernity）助推了迅猛发展的工业化和城市化，时代性压倒地域性，地方传统开始萎缩甚至中断，建筑文化演进的主导方向发生了革命性改变。到了 20 世纪中叶以来的后工业时代，西方知识界开始了对现代性摒弃地方传统的反思，实际上是想在全球化浪潮中，重新找回被现代性所丢弃了的建筑文化与历史和地域的关联——“场所精神”（genius loci）[2]。

从建筑文化的概念属性看，“场所精神”应为对其内核的一种本质性表述。它既显性地呈现于城乡建造物的外在形态，通常被称作“风貌”或“风格”；也隐性地表现为一个地方集体无意识层面的原型意象（archetypal image），这是沁入骨髓的地方文化基因，从社会历史的现实反映看就是对建成环境的“集体记忆”。在现代建筑运动高潮之后，地域风土建筑在 60 年代备受关注，从一个侧面反映了现代建筑学对失去地方集体记忆的忧思。这种忧思在诺伯格·舒尔茨（Christian Nor-berg Schulz）的“场所精神”理论建构中有集中体现，与中文的“风土”词义显然属于同一范畴，即土地和文化的固有味道及其内在的精神气质。[3]

（二）建筑文化与地域主义

然而，建筑文化所面临的现实状况是，大多数建筑师真正关注的并非在建成环境演进中延续地方的文化传统、传承其遗产，而是展现自己超越地域限定的创意设计，这或许是当代建筑学以创新设计为主旨的专业本质属性决定的。这就需要找到一种对建筑文化之于现代创作的理论诠释。1981 年，美国学者楚尼斯（Alexander Tzonis）针对现代建筑的地域差异消失，提出了批判性地域主义（Critical Regionalism）的概念，2003 年出版《批判性地域主义——全球化世界中的建筑及其特性》，认为现代建筑应当既抵制普世趋同，又区别于传统风土，主张以所谓“陌生化”（defamiliarization）的反衬式手法，塑造新的地域特色建筑，这其实是一种将现代主义地方化的说法，与阿兰·柯尔孔（Alan Colquhoun）所指出的现代艺术的“晦涩性”（opacity）意思相近①。[4]紧随其后，美国学者弗兰姆普敦（Kenneth Frampton）在 1983 年亦提出了“走向批判性地域主义”的命题，写作了《建构

① “defamiliarization”是一个生僻的英语词汇，用来对应俄语中描述现代艺术追求的“生疏性”，“ostranenie”一词，意即“unfamiliar”。参见 Alexander Tzonis，Liane Lefaivre：*Why Critical Regionalism Today?* 载：Kate Nesbitt：*Theorizing A New Agenda for Architecture*，Princeton Architectural Press，1996：483。

文化研究》一书，通过对阿尔托（Alvar Aalto）、西扎（Alvazo Siza）和安藤忠雄等人的作品中地域主义的解析，竭力主张建筑学应关照场所特征和地方文化的特质，以精心推敲的构法（tectonic），将地貌和体触感（topography and corporeal metaphor）内化于建筑本体。在另一篇题为“地域主义建筑十要点”的文章中，他还提出了“抗拒”（resistance）的理念，主张建筑学不应被流行时尚全然笼罩，而是要探求另一种表达场所特征，适应环境气候，把握地域构法的建筑文化，这对世纪之交的国际建筑界产生了比较大的影响。[5]

在此后的二十年中，西方对这一话语的讨论正在超越仅仅侧重于建筑形态探索的局限，比如美国的斯蒂文·莫尔（Steven A. Moore），近年来就提出了“再生的地域主义”（Regenerative Regionalism）概念，并将其特征归结为八个要点：营造独特的地方社会场景（social settings）；吸收地方的匠作传统；介入文化和技术整合的过程；增加风土知识和生态条件的作用；倡导普适的日常生活技术；使批判性实践常态化的技术干预；培养价值共识以提升地方凝聚力；通过民主参与程度和实践水平的不断提高，促进地方在批判中的再生等。这八点中明显表露出的核心意涵，提出了地域传统保持与再生的可持续发展思路，涉及了文化生态的进化方式和新旧技术的整合方向。这样的话语讨论，将批判性地域主义的外延大大拓展了，但这已远不是建筑学自身所能够担负得起的专业使命。[6]

总之，上述讨论强调建筑作为一种物质空间和文化意象的存在，一定是和地域性、地方性和地点性联系在一起的，这几乎是一种认知前提。同时也触及了建筑文化作为社会历史范畴的属性，即以建成遗产为本体的传统之保护、传承、转化与创新。这就引出了另一个直接的相关话题，传统与未来、遗产与创造的关系。

三、建筑文化的价值取向

（一）传统的寓意及呈现

首先必须澄清，对建成环境而言，究竟何为传统？以下从四个方面对建筑传统的理论意涵及实践呈现展开阐释。

其一，作为习俗范畴（custom、convention）的建筑传统，是广义而深层的。建筑古来就是习性的产物，习俗是地域差异的内在成因，现代设计需在习俗和标准间找到平衡，而建筑创新也即从某方面改变习俗。罗伯特·文丘里认为“建筑师应是现行习俗的专家”，其实是在说建筑师应该探究既往习俗形成的缘由及其对今日的影响，以及新的空间塑造化生出新的行为习惯之可能[7]。

其二，作为文化象征（symbol）的建筑传统，通常表现为历史纪念性建筑所承载的国家、地区、民族、社会等的历史身份和集体记忆。需要将其作为物质的和非物质的建成遗产（built heritage）加以精心保存及呵护。

其三，作为历史形式（form）的建筑传统，常常被再现于现代建筑的外观，用作怀旧表达或文化消费，传统在此被看作历史的形式和风格。但对现代建筑而言，历史形式作为传统“经验知识”的意象，何以恰当地再现于作为“社会事实”的新建筑，仍是有待探讨的实践性问题。

其四，作为原型意象（archetypal image）的建筑传统，是城乡建成环境的重要底蕴之一，也是未来建筑发展的文化基因资源，就间接或直接的生活经验和空间记忆而言，任何建筑本质上都来自合目的性或合象征性的原型意象。推而广之，一切原创皆蕴含原型，对原型理解的深度影响着原创的高度。[8]

这其中，第四层含义对于建筑传统的创造性转化更具实质意义，因为对建筑创作而言，不但学外来原创要究其原型，做本土原创更要过心于在地原型，这应是中国当代建筑思考与实践的一个基本出发点。对建筑文化的演进而言，如何使原型转化和进化，乃是问题的关键所在。事实上，从新古典到今天，建筑原型问题概括起来就是三种取向：其一，新古典风格化原型，寻求形式再现（representation）；其二，现代古典结构化原型，寻求意象类似（analogy）；其三，异形建筑则拓扑化原型，寻求陌生反差（contrast），也就是异形化。包括中国在内的世界各国青年一代建筑师和建筑学子，大多对异形建筑追捧有加，且趋之若鹜，异形化俨然成了建筑创造核心价值的外在表征[9][10]。

然而，对于建成环境而言，究竟应当秉持何种立场和态度，分歧依旧泾渭分明。比如马里奥·博塔、扎哈·哈迪德这样的前卫建筑师，就对所谓环境协调不予理睬，甚至嗤之以鼻，因为在他们看来，这个问题无足轻重，完全取决于建筑师本人的判断与选择。当然，西方建筑界对此也不乏冷静处之者。如西班牙建筑理论家索拉·莫拉利斯·卢比欧（Ignasi de Sola-Morales Rubio）就此指出，现代主义所推崇的新旧“反差”，应让位于“新”之于“旧”的“类似性”，因为后者兼顾了差异与再现，对比邻的历史实存更具敬畏之心[11]。

（二）探索新中式和地方性

自20世纪70年代末的改革开放“新时期”起，中国建筑界开始重新审视西方主导的国际建筑潮流，逐渐走向了建筑形态探索和审美价值取向的多样化。美籍华裔建筑师贝聿铭，以其深厚的中国文化修养和专业功力，将中国古典园林建筑的布局和韵味与现代建筑的几何形体巧妙融合，设计了北京香山饭店，对中国建筑界有很大影响。在此背景下，80年代涌现出了一批高质量的中国现代建筑作品。这些新建筑的设计者多以对地方传统的保存、传承、转化和创新为己任，一心追求中国的、现代的和地方的设计取向。在传统的精神传承和形态转化方面，冯纪忠领衔设计的上海松江方塔园尤为典型，以北宋兴圣教寺方塔、明朝城隍庙砖雕影壁和异地搬迁的清代天后宫大殿为古迹元素，将中国园林的“萧散”，与西方风景园的“天然”相融合，并以空间桁架承托本地乡土草坡顶的创意，重塑了现代的在地形态（大门、何陋轩等），实际上把传统的文人雅趣和美学智慧，与现代主义的设计观念及构成手法融为了一体，趋向于“与古为新”的人文境界[12]。

与此同时，颇具激情和活力的各地建筑创作，举如吴良镛的北京菊儿胡同改建，齐康新风土的福建武夷山庄和中国装饰意味的南京梅园周恩来纪念馆，彭一刚的甲午战争纪念馆，关肇业的清华大学图书馆扩建，何镜堂的广州南越王汉墓博物馆，戴念慈的外观新古典与室内几何化装饰的曲阜孔庙阙里宾舍，罗新扬的建筑的面和体皆打破均衡对称，强化变形重构兼顾历史文脉的上海电力大楼，以及柴斐义的同为后现代意味的北京国际展览中心等，都体现出了关照传统下的一个“新”字①。这些建筑创作是在改革开放之初，筚路蓝缕、百废待兴下的竭诚以求，可以说是把西方从新艺术运动、装饰艺术风格、现代主义到后现代主义等的流变转换过程，快速地以中国方式做了蒙太奇式的拼接与重现，反映了整一代建筑师执着于留存集体记忆，将本土传统向现代转化的创作情感和钻研精神。

此外，民国以来的“中国固有式”或“宫殿式”仍在一定程度上延续着，但没有停留在旧日的水平上。以张锦秋的陕西省历史博物馆仿唐宫阙意象为代表，其雄浑、舒展的唐风造型，再度诠释了“民族形式”之于地方城市专属历史身份的特殊选择。在古都西安，各种用途的仿唐建筑随处可见，这种新古典追求，虽始作于北京，却收功于西安，不啻为历史的机缘巧合，更仰赖长安的厚重地望及悠远传统。于是其他古都也争相仿效，纷纷想搞新宋风、新明风等，刻意要把早已古风不再的城市形态，选择性地重新历史风格化，或者把保留着晚近历史特征的城市形态，拆改为另一种更早期的仿古风貌。然而总体而言，历史是回不去的，因为历史形式与当代的社会事实、生活经验及审美体验实际上已渐行渐远了[13]。与之相关的北京国家图书馆，则将“宫殿式”变成了轮廓更为挺括的简化“新古典”造型，同样在国内许多城市都有很大影响。

在传承老一辈建筑师倡导建筑设计“不追求时尚，不标新立异，而是立足于建筑创作的基本因素，即时代精神和地域文化”[14]价值观的基础上，当代主流建筑师中的领军人物更关注于外在的宏观视野和文脉延承，如崔愷的“本土建筑”和孟建民的“本原建筑”理念，反映出建筑之于国家和地域认同的责任担当。而一些当代实验建筑师更倾力于“全球在地”（glocalization）的求新求变，如张永和的“非常建筑”和王澍的“业余建筑”寓意，均表达了内在的个人旨趣及其价值思考，并在身份识别上与众不同。再如21世纪初开始尝试的上海“青浦实验”，以“新江南水乡”为口号，邀来一批国内外创意建筑师和事务所，将国际当代建筑的流行手法，与现象学式的个人环境体验相渗揉，在青浦县城和朱家角镇设计建造了一批特色鲜明的实验性建筑作品。

世纪之交以来，建筑的价值取向进一步多元化，令人眼花缭乱无所适从。当代中国建筑师群体在西方建筑的话语霸权影响和本土建筑价值迷失的现实面前，既要跟上国际时尚的潮流，又得延续地域传统的特质，正在这样双重的压力下苦苦求索，踉跄前行。在保留

① 历史元素的几何图案化，是传统向现代转化的一种基本手法，借鉴西方的ArtDeco概念，本文把八十年代建筑设计常见的这种手法称为“中国Deco”或“中国装饰风”。如此，阙里宾舍的室内设计亦属典型的“中国装饰风”

传统印记的同时走出传统窠臼的各类尝试中，宁波博物馆运用“低技”的在地策略，将旧匠艺与新技术巧相交融，以极富个性表现力及形态控制力的简拙手法，应对了表达地域身份的挑战性难题，引起国际建筑界的瞩目。其最重要的外部特征，是用当地风土建筑的残砖剩瓦作为博物馆现代造型的饰面材料，以保留对当地风土传统的恒久记忆[15]。

在2016年《世界建筑》杂志社组织的“中国建筑奖”获奖作品中，从创意设计层面透露出了对中国建筑文化崭新的思考、认知和价值取向。如获居住贡献奖－优胜奖的“第三空间综合体”，试图通过楼体外“挂屋”的空间创意，产生突破常态高层复式住宅界面限定的领域感。其中不少获奖或入围作品都流露出了对城乡日常性和历史性空间进行有机更新的可持续设计气息，如吉林的“新青年公社”，北京的“四分院”“南锣鼓巷大杂院改造”“生菜屋可持续生活实验室”，黄山的“齐云山树袋屋”，西塘的“九舍”等。尤其是获得建筑成就奖－优胜奖的“深圳华侨城文化创意园设计”，聚焦于仅有三十年历史的工业建成环境的保留、改造与再生，将后工业时代大众艺术样态与创意产业融为一体，成功营造出了一系列相互交织的场景和事件。这个获评选大奖的项目再次表明，建筑学的长远价值不仅应体现于空间形态的塑造，更应体现于生活形态的营造[16]。

（三）差异与趋同：国家主义与世界主义

从建筑文化的国家和社会心理分析的角度，可以一窥中国这样崛起中的社会快速发生财富冗余时，对国力和城市特色之建筑象征的渴求。撇开建筑的社会伦理之争和经济成本，从这种渴求的背后，可以窥见国人在外来强势文化面前，发自内心深处的认同迷失和精神分裂：出于唯恐落伍国际的盲从，或刻意借重传统的抗拒。

那么，除了刻意的仿古或追求类似性的传统延承方式之外，从发展趋势上看，具有文化差异和地域认同的建筑历史是否正在走向“终结”？一个有趣的现象是，对2010年上海世博会各国场馆建筑做一比较就可以发现，这些建筑非常典型地展示了各国不同的价值取向：西方发达国家大都追求异形、高技和对不确定未来的探索，倾向于普适性（generic）和“世界主义”（cosmopolitanism）；而包括俄罗斯在内的非西方国家，特别是发展中国家的建筑，则大多顽强地表达了与传统造型及母题相关联的“民族主义”或“国家主义”，中国馆层叠的巨大斗状形体亦不例外。显然，后者总是更加在意自己的历史身份和昔日辉煌，这既是文明演进的阶段性不同使然，同时也再次表露了现代性和传统观在东西方建筑中的不同呈现。如果说，西方的现代主义在本质上是非传统的、超越民族国家界限的、“世界主义”的，西方当代建筑真的超越了文化差异，终结了传统延续的历史，完全着眼于百般的奇异和万千的变化，那么，这样的价值取向能代表人类建筑演进的必然方向吗？进而，反映文化差异的传统，无论是东方还是西方的，都必然地要退出建筑历史的舞台吗？

对此情形历史界的看法值得参考。试以美国日裔当代历史学家福山（Francis Fukuyama）的宏观历史叙事为例。在90年代初苏联解体和东欧剧变后，福山著书认为，传统意义上的历史之“终结”，就体现为人类正在走向西方价值观主导下的普世趋同进程[17]。但世事的变迁并非如其所料，人类文明的差异并未因政治意识形态的影响而消除，相反，不同种族、社会各自的历史传统、宗教信仰和日常生活中的集体记忆会反制这一进程。从“历史决定论”出发，福山的结论似乎过于简单化，甚至远不如其师萨默尔·亨廷顿（Samuel Phillips Huntington）的“文明冲突论”显得清识洞彻。其实，东、西方关系的历史远未“终结”，各国、各地域也不可能走向普世大同，因为文化差异和文明冲突历史地存在于现今的人类社会演化之中。按福山后来的解释，这主要受制于四种因素及其范畴：精神世界的差异甚至对立（如中古伊斯兰教信条与现代西方文明的冲突），民族国家关系（如国家主权与“普世价值”的矛盾），公共社会关系（如自由和公平的矛盾），技术发展后果（如核技术对人类生存的威胁、生物技术改变人类本性和社会结构的危险）。

实际上，就连美国政治家基辛格（Henry Alfred Kissinger）也意识到了这一点，他在新著《世界秩序》中提醒美国，“推广普世原则需要同时承认其他地区有自己的历史、文化和安全观这一现实”。他在书的结尾并告诫到：“历史绝不会开恩于那些放弃自己的身份或承诺，看似在走捷径的国家”[18]。这句有关身份认同重要性的话，应适用于任何国家、社会乃至于个人，也关联到对待文化遗产的态度和价值观。不言而喻，这种关联，隐含着建筑文化作为国家和地方“软实力”的寓意。

四、建筑文化与建成遗产

2001 年，UNESCO 通过的《世界文化多样性宣言》，强调创造源于遗产，倡导要保护遗产的多样性和保护创造的多样性，认为二者缺一不可。从传统走向未来的角度，建筑学实际上可看成一体两面的学科，关联着两对范畴。一面是“遗产”，涉及保护与传承；另一面是“创造”，重在转化与更新。对建筑学的学科使命而言，“保护”是前提，“传承”才是目的；“转化”需依托原型，“更新”应是“与古为新”。总之，建筑文化在演进中不仅要把遗产本体传下去，更要承前启后，将遗产的精髓融入今天的创造。

（一）两种倾向

在全球流行文化和高端技术快速转移的挑战面前，可以在建筑文化领域看到两种显著的倾向：其一，局部透视“先锋”建筑现象，可见国际“大腕儿”明星们导引下的“标新立异”愈来愈成为社会上认识建筑学的主导看点。每当这些奇异的“标志性”建筑引出对异形隐喻的种种联想和臆测，或对公共资源挥霍过度的话题时，有关建筑审美和伦理的争议便会沸腾起来，甚至会被关联到政治和意识形态的层面，而这正是大众传媒关注当代建筑的一个重要由头。其二，整体观察城市建设领域，可知社会和建筑界对正在发生的地域趋同和差异消亡大多无所适从。在如今的消费社会，传统几乎完全变成了文化消费的对象。在传统城市或历史街区中大拆大建、拆真造假、滥刮“欧陆风”，以及追求怪异形式等，已在当今的中国各地司空见惯[1]。

由于改革开放前“现代性”观念的长期缺失，也就没有反衬传统建筑的现代主义建筑在中国生根；又由于缺乏当代意义上自觉的“反思现代性”，反使传统与现代的关系在建筑上表现得更加模糊不清，常见的对待传统的态度即推崇对古代形式的模仿，如今这种模仿已从文化图腾走向了商业观光。

2015 年 12 月，中央城市工作会议提出了“以人民为中心”的城市发展思想和针对城市遗产问题的建设方针，即：以“城市修补”和“有机更新”的方法，留住城市特有的地域环境、文化特色、建筑风格等“基因”。单从建成遗产及其历史环境的现状看，首先需要搞清楚存量和增量的关系，去和留的关系，保存、翻建、加建和新建的关系。

（二）国家遗产清单

建成遗产既是国家和地方历史身份的见证，也是“乡愁”和文化记忆的载体。建成遗产之于身份认同的深远意义即在于此。借用丘吉尔的名言：“后顾多远方能前瞻多远”，则建成遗产就是回溯过去的一个个时空坐标点。我国建成遗产大致可分为官式古典遗产，民间风土遗产的和受西方影响的近现代遗产三大部分。据住建部和国家文物局颁布的保护名录迄今最新的统计数字显示，被认定的国家重点文物保护单位 4295 处，国家级“历史文化名城”129 座，“历史文化名镇”252 个，“历史文化名村”276 个，级别略低的“传统村落”4153 个，覆盖 31 个省市自治区。这是目前国家层面的清单，各省市自治区、直辖市及以下清单从略[24]。而迄今中国被收入联合国世界遗产名录的已有 52 项，总量以少于意大利一处之差列世界第二，其中大部分属于建成遗产。

（三）风土遗产传承

然而，上述这些被列入国家清单及国际名录的，只是获得保护身份的建成遗产重点部分。在我们这个国土广袤、民族众多的文明古国，要整体认知和把握各地域千姿百态的城乡建成遗产，就要从地理和谱系分布入手，其中，地域风土建筑所占比重最大。

一种是被定格在某个历史时期或文化样态下的城乡风土聚落及建筑，比如平遥、丽江以及各地名镇、名村一类进入各种遗产名录，受到严格保护的风土聚落遗产标本。值得注意的是，以“世遗”名录中日本岐阜县白川村的“合掌造”民居为代表，其严谨细腻的研究方法，使风土建筑标本保存和修复的投入，几乎接近于考古和文物的标准。但是，这些标本式风土建筑遗产无论是作为博览对象还是观光产品，都与现代的日常生活恍若隔世，传承更多地限于保存文化记忆的原真物质载体。

另一种是基本保持着原有生活形态的风土聚落（许多亦被归属于“历史风貌区”），但这些风土聚落及建筑大都没有法定的保护身份，面临着总体景象破败，原有建筑被大量低质翻“新”，民生窘迫苍凉的境况。因而就对现实生活的影响面而言，这第二种的保护与再生，才是解决问题的关键所在。显然，对于这种大量性风土建筑对象，全然地保存和修复，在多数情形下并不现实。即使确有必要取得保护身份，也须通过实事求是的理性论证，而不是感性的拔高或贬抑。现实中由于各种复杂的动因作用（不仅仅是价值判定），保留派与拆建派的争论之声总是不绝于耳。虽然保护乃管控变化，而非阻止进化，但在改造、更新、重建和开发等，成了各利益攸关方主导愿望的现实面前，更需要趋利避害，缜思后行[19]。

总之，无论从表象和实质上看城乡改造的进程，都可以得出一个基本的结论，即需要以进化和发展的观点和视角看待建成遗产的存续问题，使其在保存、传承、转化和创新中获得再生，而不是在名存中实亡。在此背景下，对中国传统建筑的本质、变迁及其现代意义进行多视角、多维度地重新思考和探究，就成为建筑文化讨论的重要出发点。特别在城市化、城乡改造盛期，这些思考和探究无论对抢救性研究传统建筑遗产，还是为“全球在地”的未来建筑本土化提供实存依据，都具有愈来愈重要的理论和实践意义。

五、建筑文化研究动态

（一）建筑现代性与全球化

建筑是建成环境最重要的构成元素，讨论当代建筑文化，离不开对建成环境演进的走向观察和理论思考，而最具挑战性的理论命题，就是对建筑现代性的批判性认知，这直接关联到对建筑文化演进的本质性把握。

对于建筑现代性认知及其与全球化的关系，笔者认为，现代性追求以工具理性为基础的，物质意义上的合理进化途径。以此为由，建筑的新陈代谢似乎天经地义，不合今用的旧建筑就该为新建筑所取代，此即建筑现代性的实质。世纪之交以来，全球化和城市化的扩展更为迅猛，物质现代性正以更快的速度消解着地域文化的差异，销蚀着濒危历史空间的生存[20]。因此，建筑现代性乘着全球化的东风，正在一步步放大自己的正面和负面效应。

比利时有位学者撰文著书，对建筑现代性进行了专题的深度讨论。其中将现代性分为“纲领性的现代性”和“短暂性的现代性”两类，认为建筑与民族认同之间的明显关系并不一定稳定，不能排除其负面意义，比如纳粹对民族主义的滥用就是灾难性的，而当代需要的是一种对等、非主导性和多元开放的建筑全球化。在论及建筑现代性的历史使命时，作者提醒现代运动更关注的是平民住宅，不是创造永恒的建筑来见证天才、寻求荣耀，而是致力于为大众创造日常的生活环境[21-22]。这种论断显然是把建筑的伦理功能和美学价值作为对立的范畴来看待了。

（二）建筑现代性与本土化

美国有学者认为现代主义与地域主义同源。建筑界在很长的时期内都忽略了一个历史事实，即现代主义的起源有着地域性和多元性背景，后来才走向了风格化和普适化。因此要对现代性和现代主义作批判性反思，就要重新探索其地域化的演进趋向[23]。对此有中国学者提出，现代主义向极端的发展，偏离了现代建筑先驱们的初衷，后者对建筑类型的追求，本质上看似偏爱于“绝对形式”，但却有着深厚的欧洲文化渊源。因此没有参与过“境遇构筑”的事物，在一个意义的世界里必然沦为一种异物。这也即是说，脱离本源或原型的建筑最终难以被认同[24]。

一位海外资深华裔学者认为，世界建筑学术话语中的非西方建筑声音从来就很微弱，但 90 年代以来情况有明显改观，以亚非拉美建筑为代表，使文化多元的本土建筑话语国际化，应是建筑历史理论的前沿使命[25]。国内有学者考察了以“知识构成”为线索的世纪之交中国建筑发展动向，并以此为例，分析了建筑现代性在中国乃至亚洲的地域化表现中，如何成为当代建筑关注的中心[26]。

另有学者针对我国意识形态和政治对文化乃至实践的深远影响，提出通过中西比较，尝试印证建筑与自然生态共生，与意识形态并进的中国建筑文化动态演进模式[27]，剖析了新中国现代建筑与官方意识形态的关系[28]。但本土化的现代性，常常使得了解西方的人士感到不自在。一位学者由此以隐喻的笔调嘲讽了中国当代时尚现象中所表现的现代性，像一个缺少灵魂的玩偶，其文观察和比较中西博物馆当代艺术品的意向差异，认为前者表现出空泛的未来主义取向，后者反而带有沉重的历史主义意味[29]。

站在东方的角度就会考虑到，只有反思建筑现代性，保住文化多样性，在差异的基础上不断地创新，才能真正抵御普世趋同化的诱惑和冲击[1]。但这种观点只代表一种理想化的愿景，实际上地域因素往往更加重要。国际上一些学者认为，现代主义消解地域差异的愿景并未实现，人际、地际间的差异深刻而持久。气候与景观、人与建成环境的关系依然重要。拉美、东南亚、中东等地域现代主义，强调传统的气候适应性与现代科技创新的融合。那些为地方的本质或场所精神而争辩的声音在弱化，因为过分强调地域差异会助长等级和不平等观念。因此，将全球地方区别和联系作为话语讨论已经很困难了[30]。

2016 年，由中国学者策展的“哈佛大学当代中国建筑展”，以“迈向批判性的实用主义：当代中国建筑”为主题，对以中青年建筑师为主体的地域实践作了系统推介，可看作向国际传播中国当代建筑文化的重要事件[31]。

（三）史观、书写与地域实践

关于如何批判地认知和评价当代的历史观，国际上有一种观点认为，文化怀旧的博物馆化、地标化和诗化，本质上都反映了对未来的忧虑。这实际上是在暗讽“一切历史都是当代史”的西方现代史观，认为历史家对过去的看法会随着对未来的认知改变而改变，主观判定和客观存在的时间和叙事连贯方式在不断被消解[32]。至于理论的书写问题，起码有一点不容忽略，即建筑文化需要以“思考建筑学”（thinking architecture）或“理论建筑学”作为文本表达的依托。由于当代建筑语义（semantics）的歧义性和信码（code）缺失，便使特定语境下的话语（discourse）借助于某种叙事和书写方式，成为建筑理论的主要表达工具。20世纪后半叶以来，建筑书写已经从宏大叙事转向了细节叙事，从共识性的理论范式转向了碎片化的个人话语。以顶级西方理论家为例，有学者以批判性的眼光扫视了彼得·埃森曼所代表的所谓“零度写作”及其局限性，指出“文本世界派”以“自我指涉符号”的“建筑自主性”，既反对存在主义的“介入”社会，也反对科林·罗的人文主义形式理论[33]。这显然是一种孤立主义的个人价值选择。

关于学科领域的划分问题，有学者指出，与造型相关的专业划分导致艺术和人文发生分离，而空间造型的诗意只有在表达存在的时间意愿时才会呈现，提出山水田园是重塑日常性的当代诗意栖居的契机[34]。另有学者提出了以乡村建设为背景的地域实践中两个协同的实践要点：其一是技术协同，即地方性知识——“建筑原型”的研究和运用；其二是组织协同，即设计组织和制度建构，通过村民、现代工匠、营造合作社，以及村委会等，形成乡村营造方式及主体[35]。

六、结语：建筑文化发展建议

在全球化时代，地方传统正承受着能否存续下去的巨大挑战，只有悉心研究，大胆探索，方能对症下药，从容应对。无论中外，当代建筑文化的主流价值观认为，包括传统建筑在内，一切植根于特定历史和地理的土壤，体现着文化多样性的事物都应得到善待和发扬。

随着认知水平的提升，建筑界应已意识到，异彩纷呈的传统建筑并非只是在形式方面提供“符号”或“象征元素”，更要紧的是呈现形式背后顺应自然、因地制宜、因势利导、因材施用的建造智慧。比如伟大的都江堰水利工程，古代城市建设中的运筹学方法，巧夺天工的营造技艺，地方风土建筑中的被动式利用资源等，都是这一方式的体现，与我们这个时代所倡导的可持续、可循环、低碳减排等理念存在内在联系，需要对其进行现代式的汲取、消化和吸收，转化为当代建筑的一种文化资源。因此提出以下八条建议：

第一，以民族、民系和风土方言区为参照背景，对跨行政区的城乡风土建筑谱系进行系统再梳理，进一步理清中国传统建筑文化的地域分布和脉络关系，为其标本保存与整体再生打下扎实基础。

第二，在当今的“城市更新”“城市修补”和乡村建设高潮中，探索建成遗产及其历史环境保护与活化的创新途径，探求实现历史与现代良性交织的创新方式，推介示范性保护工程，推进文化遗产教育的普及和深化，以实现管控变化，合理进化的建筑文化演进目标。

第三，在历史建成环境的创作实践中，进一步提升保护、传承、转化、创新的研究与实践水平，倡导“与古为新”的价值取向和“全球在地”（glocalization）的文化视野，为繁荣中国当代的建筑创作做出应有贡献。

第四，在地区级以上城市，设立建成遗产保护专项基金，完善地方建筑文化和传统工艺传承人制度，着力培养新生的建成遗产保护与修复专精人才。

第五，在地级市以上城市建立保护和发展城市形态的常设权威机构——“城市建筑艺术委员会”，成员为城乡建成环境领域的专家和政府主管官员，以及人文、社会科学领域专家及艺术家。该委员会负责管控城市形态在建设和使用中的状态及变化。

第六，城市总体风貌和意象关联着城市的精神气质，因此在其演进的导向方面，应将地方建筑文化的身份认同和可识别性放在重要位置，切实发挥城市设计在公共开放空间品质把控方面的关键作用。

第七，在城市的社区、乡镇的村落更新与复兴中，倡导建成环境专家和设计师协助下的价值共识教育和居民参与活动。充分利用各种传媒工具普及建筑文化的理念和地方知识。

第八，引导文化和技术的整合过程，鼓励规划师、建筑师在深度和广度上进一步推动“全球在地”的地域建筑文化和建筑创作的整体进步和水准提升。

参考文献

［1］常青．当代建筑五题［J］．美术观察，2014（9）：11–13.

［2］诺伯格·舒尔茨．论建筑的象征主义［J］．常青，译．时代建筑，1992（3）：51–55.

［3］常青．从风土观看地方传统在城乡改造中的延承［M］// 历史建筑保护工程学．上海：同济大学出版社，2014: 103.

［4］Alan Colquhoun. Three Kinds of Historicism［M］// Kate Nesbitt. Theorizing A New Agenda for Architecture. New York: Princeton Architectural Press，1996: 209.

［5］肯尼斯弗兰姆普敦．建构文化研究：论 19 世纪和 20 世纪建筑中的建造诗学［M］．王骏阳，译．北京：建筑工业出版社，2007.

［6］S A Moore. Technology，Place and Non-modern Regionalism［M］. New York：Princeton Architectural Press，2007: 441–442.

［7］常青．建筑学的人类学视野［J］．建筑师，2008（6）: 95–101.

［8］常青．传统的延续与转化是必要与可能的吗［J］．中国建筑教育，2015（11）: 5–14.

［9］常青．原型与原创，改进建筑 60 秒［J］．世界建筑，2016（12）: 134.

［10］常青．论现代建筑学语境中的建成遗产传承方式——基于原型分析的理论与实践［J］．中国科学院院刊，2017，32(7):667–680.

［11］Ignasi de Sola-Morales Rubio. From Contrast to Analogy［M］// Kate Nesbitt. Theorizing A New Agenda for Architecture. New York: Princeton Architectural Press，1996: 230–237.

［12］冯纪忠．方塔园规划［J］．建筑学报，1981（7）: 40–45.

［13］常青．我国风土建筑的谱系构成及传承前景概观——基于体系化的标本保存与整体再生目标［J］．建筑学报，

2016（10）: 2.
［14］张皆正，唐玉恩．继承・发展・探索［M］．上海：上海科学技术出版社，2003.
［15］王澍．自然形态的叙事与几何——宁波博物馆创作笔记［J］．时代建筑，2009（3）: 68–79.
［16］常青．“2016WA 中国建筑奖”评委感言．世界建筑，2017（3）: 12.
［17］福山．历史之终结与最后一人［M］．李永炽，译．台北：台北时报文化出版有限公司，2003.
［18］Kissinger H A. World Order［M］. New York: Penguin Press，2004.
［19］常青．我国风土建筑的谱系构成及传承前景概观——基于体系化的标本保存与整体再生目标［J］．建筑学报，2016（10）: 8.
［20］常青．创刊词［J］．建筑遗产，2016（1）.
［21］希尔德・海嫩．现代性与多元现代性：现代建筑历史编纂的新挑战［J］．王正丰，译．时代建筑，2015（5）: 16–23.
［22］希尔德・海嫩．建筑与现代性批判［M］．卢永毅，周鸣浩，译．北京：商务印书馆，2015.
［23］玛丽・麦克劳德．现代主义、现代性与建筑若干历史性与批判性反思［J］．刘嘉纬，译．时代建筑，2015（5）: 24–33.
［24］李凯生．物境的空间和形式现象讨论［J］．建筑学报，2016（5）: 9–16.
［25］朱剑飞．建筑历史与理论的“前沿问题”：中国、东亚、文化多元和社会政治理论［J］．建筑学报，2015（11）: 12–14.
［26］李华，葛明．“知识构成”——一种现代性的考查方法：以 1992-2001 中国建筑为例［J］．建筑学报，2015（11）: 4–8.
［27］李翔宁，邓圆也．建筑评论的向度：当代建筑中的普遍性与特殊性［J］．时代建筑，2016（3）: 6–9.
［28］冯江．变脸——新中国的现代建筑与意识形态的空窗［J］．时代建筑，2015（5）: 70–75.
［29］刘晨．没有灵魂的缪斯和被驯化的金字塔——关于当代中国文化与建筑的两个比喻［J］．时代建筑，2016（3）: 46–51.
［30］希尔德・希南，格温多林・莱特．权力、差异、具身化演变中的范式和关注点［J］．毕敬媛，王正丰，译．时代建筑，2015（3）: 120–127.
［31］李翔宁．多元的建筑实践与批判的实用主义：新生代中国青年建筑师［J］．时代建筑，2016（1）: 20–22.
［32］艾瑞德姆・达塔．为了未来的怀旧［J］．毕敬媛，译．时代建筑，2015（5）: 34–39.
［33］王骏阳．日常性：建筑学的一个“零度”议题［J］．建筑学报，2016（10）: 22–29.
［34］董豫赣．造型与表意［J］．建筑学报，2016（5）: 23–29.
［35］吴志宏．没有建筑师的建筑“设计”：民居形态演化自生机制及可控性研究［J］．建筑学报，2015（S1）: 124–128.

撰稿人：常　青
资料搜集：周易知

应对全球气候变化的建筑环境可持续发展战略研究

一、建筑环境可持续发展的主要研究内容

回顾20世纪，工业革命带给人类伟大进步的同时，对自然环境的破坏已经危及人类自身的生存，特别是二氧化碳的排放造成全球气候变化。这一趋势延续到21世纪，全球气候变化已经成为今后相当长的一段时期内，人类共同面临的巨大挑战。为此各国政府和相关机构发布了诸多政策措施和行动计划以延缓和适应气候变化，比较著名的行动纲领有《联合国气候变化框架公约》（1992年）和《巴黎协定》（2015年）。

气候变化加剧了洪涝、干旱及其他气象灾害，并导致高温、暴雨等异常极端天气增多，影响人类生存环境及可持续发展。因此，应对气候变化已成为建筑学科的核心课题之一，世界各国为应对全球气候变化做出了巨大努力，并采取一系列行动以延缓和应对气候变化。在城市空间规划方面，注重土地集约发展模式，提高能源利用效率，倡导绿色循环经济和绿色交通，采取生态城市设计方法，实现延缓和适应全球气候变化的城市发展目标；在绿色生态环境方面，注重节能减排、雨洪管理、生态保护与修复和景观营造；在建筑物理环境方面，注重不同气候条件的物理环境需求，营造舒适的建筑室内外环境，减少建筑对自然资源的依赖；在综合防灾减灾方面，注重构建系统的防灾减灾体系，从城市、街区及建筑层面加强建筑环境的韧性，使其面对因气候变化所带来的灾害时具备抵抗力，并在灾害发生后具备恢复力。

在应对全球气候变化的建筑环境可持续发展中，开展多学科合作、推广新技术是今后的发展趋势。首先，为了应对全球气候变化，多学科、多领域之间需要交叉融合，其中包括生态学、环境学、城市生态学、城市形态学、城乡规划学、建筑学、风景园林学、建筑技术、城市设计、景观生态学、计算机辅助设计等学科。其次，随着科学技术的发展，

如“3S”技术、智能化技术、新材料与新能源技术、VR 及 BIM 等新技术在城市空间规划、绿色生态环境、建筑物理环境、综合防灾减灾研究中将得到更广泛的应用。

1. 城市空间规划

为有效应对全球气候变化，城市空间规划应构建从宏观、中观到微观的规划系统，实现城市规划、建筑和景观的一体化设计。结合当前研究多侧重于宏观和微观的基础上，增加对城市中观层面——街区尺度的研究，在宏观城市层级和微观建筑层级之间搭建一座生态桥梁。①构建空间环境可持续发展的系统性框架，从宏观、中观、微观多层次进行生态城市理论和实践的研究，完善生态城市设计方法体系。②强化中观、微观层面的精细化设计，进一步深化绿色生态街区与绿色建筑的研究。从生态环境与空间形态两方面提出应对全球气候变化的韧性设计策略和绿色节能设计策略。③遵循生态修复、城市修补的原则，加强对城市既有街区和存量建筑的生态化改造。

2. 绿色生态环境

为延缓气候变化和适应气候变化，将更加关注建筑与环境的关系，注重设计结合自然，注重保护原生自然资源，减少开发建设对自然状况的影响，恢复场地的自然机能，限制和摒弃违背场地条件、破坏自然环境的建筑模式，实现建筑与环境的共生。①多尺度统筹：建筑环境将实现中观尺度至微观尺度、从规划设计至建造管理的多维度统筹规划，系统研究从建筑区域、周边环境到建筑本体的可持续性，加强从规划、设计、建造到管理与维护多层监控，从更大范围减少建筑对环境的影响与破坏。②借助计算机模拟技术实现建筑环境的评估和气候变化的预警。③建筑生态环境设计的定量化、参数化和智能化研究。

3. 建筑物理环境

研究跨学科整合的理性建筑设计理论、气候适应型被动技术模型、绿色建筑后评估方法与气候参数、“四节一环保”基础数据开放平台；研发新建建筑绿色性能提升、既有建筑高性能绿色改造、近零能耗建筑设计运行、典型区域新型供暖设备和热湿环境控制技术体系与配套装备，开展集成应用示范。①更新基本理论和基础参数。开展在最新物理学理论基础上的室内外物理环境设计参数对运行能耗影响机理的基础性研究，揭示设计参数中节能决策变量间的优化协调机理。②完善气象与热舒适度基础数据库，建立不同区域的热舒适度生理数据库；开发设计过程中的气候分析方法和应用工具，应用动态能耗计算方法，提高能耗计算结果的准确性。③更新建筑物理环境试验方法，开发新的实验设备。针对高热阻、相变、热反射等材料，以及复合构件、异性构件等，开展热工特性研究工作，确定适当的评价指标，提出能真实反映其热工性能的试验方法，开发试验设备，不断改进仪器性能和观测技术。④全链条、一体化设计。与时代进步相契合，在大数据、物联网、信息化以及智能化的大背景下，逐渐发展成为集成统计数据化、构造工业化、管理信息化、减排智能化的多层面、多领域的综合学科。

4. 综合防灾减灾

我国政府非常重视应对气候变化的综合减灾防灾工作，成立了由国家和地方两级减灾委员会和应急管理办公室，统一协调各部门，制定防灾减灾工作的方针、政策以及城市综合防灾规划专题研究。城市灾害应急体制和机制也在逐步完善之中，城市综合防灾减灾方面的研究将重点体现在以下几方面。①结合城市规划设计与管理的灾害风险评估及预警技术研究。探讨灾害评估技术与城市规划的契合度，通过建立城市规划灾害评估体系，模拟城市极端气候事件的灾害作用机理与影响趋势，具化应对极端气候灾害的防御措施。②探索多种极端气候并发情境下的城市复合灾害防御研究。通过整合大数据、GIS、数字模型、灾害情景模拟、云计算、GPS 定位、遥感遥测等智慧技术方法与手段，建立极端气候事件分析平台，对多类型极端气候事件的相互影响及其产生的次生灾害链进行模拟研究，并提出相应的复合型防灾策略。③构建全面的城市综合防灾数字信息平台。克服数据共享和标准化受到部门分割制约的问题，构建综合防灾数字信息平台。

二、建筑环境可持续发展的国内外研究动态

（一）城市空间规划相关研究

最早的生态城市理念雏形源于 20 世纪初期霍华德的田园城市思想。此后，20 世纪 30—60 年代，以有机疏散理论、城市人文生态学为代表的城市规划思想中都蕴含着生态城市的思想火花。在空间环境生态化研究方面，麦克哈格、威廉·M·马什等学者建立了“设计结合自然”的系统研究框架[1]。1962 年至今，是生态城市从萌芽到思维确定[2-4]，再发展成为城市建设主流思想的过程，并逐步拓展至城市、区域层面的系统化生态思维。在研究中逐步确定了生态城市的基本内涵——以可持续发展为基本目标和规划原则。

我国学术界结合国内外生态思想，逐步形成了具有中国特色的生态城市研究体系。钱学森、黄光宇等学者提出了山水城市与生态城市的概念，构建了与生态城市设计相关的理论和设计策略要点[5-7]，并探讨了 GIS、参数化设计等技术手段在生态、绿色城市规划中的应用[8]。伴随着生态城市研究体系的建立，研究开始从生态安全格局和环境评价的角度探讨生态学理念在城市设计中的应用[9]，构建了生态城市设计的技术体系，从生态环境要素和空间形态要素等方面提出生态城市设计策略[10-11]。

综上，生态城市理论及设计方法作为应对全球环境危机、实现可持续目标的核心手段，是当前乃至今后很长一段时期内的重要设计方法。

1. 生态城市空间形态

城市土地利用：土地的集约程度与城市开发模式、基础设施使用维护效率、能源利用模式与效率、交通模式与效率等存在直接关联。西方国家自二战后达到黄金发展阶段，城市由集聚发展转向郊区化发展，特别在以美国为代表的北美地区，大部分城市以较低

密度向郊区无序蔓延[12]。1973年，石油危机使美国建筑规划界意识到郊区化发展模式的不可持续性，倡导提高土地开发密度、集约发展的新城市主义模式，以及基于公共交通的紧凑型开发模式，以此减少石化能源的消耗。从全球范围看，我国城市的土地利用模式均属于高密度开发模式。近年来，我国对土地利用模式的研究主要集中在将城市商业、住宅与公共交通相结合的TOD发展模式；同时，部分研究聚焦于旧城更新中探讨土地开发与历史保护之间的平衡。

绿色交通：绿色交通的概念包括高效低能耗的交通模式和交通能源的绿色化两部分。二战后，西方城市进入黄金发展时期，小汽车成为主导的交通方式，不仅侵占了市民休闲空间，更加严重威胁行人安全，汽车尾气也成为重要的城市污染源。在此背景下的西方城市纷纷寻找更加安全、环保的交通方式。以德国为代表的西欧城市重点发展以公共交通为主、小汽车为辅、自行车为补充的模式，以地铁、轻轨、电车形成公共交通骨架，普通公交巴士为辅助系统[13]。以美国为代表的北美地区，鼓励基于公共交通的新城市主义发展模式，但总体上收效甚微。在交通能源消耗上，各国均尝试以电力替代石化燃料机车，并鼓励在公共交通引导下的绿色出行方式，包括自行车和步行。我国关于绿色交通的研究与交通发展模式及交通结构选择紧密相关。在交通能源使用方面，随着城市地铁的建设和电动公交巴士的发展，电能作为绿色交通能源的比例有所提升[14]。

绿色循环低碳产业：绿色循环低碳产业，遵循“3R”原则，即减量化（reduce）、再利用（reuse）和资源化（resource）[15]。以欧盟、美国和日本为代表的发达国家早已开展循环经济实践，欧盟较早开始推行绿色循环经济，如德国在产业资源协作循环、废弃物循环利用及能源化方面均走在世界前列；美国到21世纪初已建成约20个生态工业园区，园区内所有企业都采用循环生产方式，并实现能源梯级利用；日本是最早为循环经济立法的国家，在城市经济布局、产业资源循环和废弃物循环利用上取得了显著成就。循环经济在我国经历了理论引进和逐步发展的阶段。2003年前后，我国各界人士普遍认识到发展循环经济的重要性[16-17]；2004年9月，由国家发改委组织发起，召开了全国第一次循环经济工作会议；2008年，我国颁布实施《循环经济促进法》，开始循环经济试点建设，目前全国已经设立了多个生态工业园区。

可再生能源利用：目前，在建筑环境领域对可再生能源的利用主要集中在太阳能利用方面，并分为主动式和被动式两种体系。整合该类技术的生态社区建设主要集中在德国、英国、瑞典、瑞士等欧洲国家。另外，太阳能作为生活能源被整合到建筑设计之中，并与分布式能源系统的建设相结合。我国对可再生能源的利用经过多年发展已经走在世界前列，主要是利用风能、太阳能作为城市能源补充到原电力网络之中；同时，主动式太阳能作为生活能源在昆明、潍坊、青岛等众多城市中取得了良好效果[18]。

2. 生态街区空间形态

街区空间形态：从麦克哈格到威廉·M·马什，已经建立了一个“设计结合自然”的系统研究框架，为绿色街区的研究奠定了坚实基础。国外学者探讨了可持续的街区城市设计方法[19]，提出“生活街道”模型的六种设计原则[20]，以及城市设计的六个维度要求，实现生态环境与城市建设的和谐发展[21]，提出通过构建多维度的生态设计框架，以塑造应对气候变化的韧性空间形态[22]。随着城市空间形态研究的发展，我国学者开始探讨城市空间形态特征以及城市空间形态与碳排放总量之间的关系[23-25]。为弥补城市生态研究在中观尺度上的不足，提出城市生态街区尺度的研究模型[26]，探讨绿色生态理念在街区层面的实现途径，构建了街区可持续发展指标体系[27]。

街区生态环境：早在19世纪，国外学者就对建筑群的生态环境开展了初步研究[28-29]，我国的相关研究起步较晚，进入21世纪后开始迅速发展。尤其是近年来，针对建筑群风环境、热环境等因素开展的研究开始增多[30]。部分学者基于气候适应性、城市热环境等方面提出了相应的城市设计策略[31]；从气候条件、土地条件等方面提出了适应不同生态环境的绿色街区城市设计策略[32]。目前，就空间形态而言，多数研究集中在城市宏观层面，较少集中在中观层面。就生态环境而言，研究多基于气候环境和土地条件，对于绿地植被、水体条件以及整体环境的综合影响研究较少。在应对全球气候变化的大背景下，以绿色、生态街区为研究对象，在宏观城市层级和微观建筑层级之间搭建一座生态桥梁，有助于完善生态城市设计的理论和实践研究。

（二）绿色生态环境相关研究

近年来，随着我国城市化进程的明显加快，立足于将我国国情与景观生态学理论相结合的基本思想，我国的生态环境研究开始关注人类活动影响研究与景观生态建设，景观生态安全格局的研究成为热点[33-34]。

1. 绿色基础设施

绿色基础设施（Green Infrastructure，GI）的研究起源于20世纪90年代的美国，在2000年前后传入我国。现有研究表明，GI应对气候变化主要有两个方面：首先是延缓气候变化，GI是直接或间接缓解气候变化的主动性途径。其次是适应气候变化，GI是应对气候变化所引发的暴雨、升温等问题的适应性对策。我国早在古代就有类似现代GI的实践，如南方丘陵地区的陂塘系统，黄泛平原的坑塘洪涝调蓄系统等[35]。2009年以来，我国对于GI的研究持续增多，研究主要集中在四个方面：概念综述和理论框架研究、技术途径和方法研究、国内外实践案例介绍、以雨洪管理领域为代表的细分领域应用[36-37]。与发达国家相比，我国对GI的研究更偏理论层面和经验的介绍，缺乏量化的分析、GI规划方案的研究以及系统的GI绩效评价。

2. 绿色景观营造技术

绿色景观营造技术包括植物景观营造、植物群落塑造、植物物种筛选以及可再生、新型景观材料、废弃材料再利用和绿色景观营造技术方法。近年来，国外结合景观建设实践在上述方面均取得一定突破。我国主要集中于植物景观营造，已形成乡土植物理论、植物群落理论、生物多样性理论等，但对于绿色景观营造的技术细节关注度较少，有待进一步深入研究。

（三）建筑物理环境相关研究

1. 建筑节能

20 世纪 70 年代，石油危机促使欧美发达国家反思对石油能源依赖所产生的一系列问题，并逐步推动建筑业各层面的节能措施、标准的制定和实施。其后为实现《京都议定书》的节能目标，欧盟制定了包括经济、环境、安全和交通运输在内的能源政策。1978 年，美国开始颁布国家节能政策法（NECPA）等一系列节能法案，并推广能效标准和标识。

我国的建筑节能工作最早始于 1986 年，国务院发布的《节约能源管理暂行条例》（国发［1986］4 号），明确要求建筑物设计采取措施减少能耗。其后颁布九十余篇相关的政策措施文件，为我国建筑节能提供了国家层面的保障。2006 年，为推动建筑节能的进一步发展，科技部、住房和城乡建设部在“十一五”（2006—2010）国家科技支撑计划中提出“建筑节能关键技术研究与示范”方向，并开展“建筑节能关键技术研究与示范”等八项直接与建筑设计密切相关的重大（点）课题，研究承担单位覆盖我国高等院校、科研机构、企事业单位。这一时期的发展重点为“建筑节能”，力求全面推进降低能耗的发展进程。

2. 绿色建筑

绿色建筑萌芽于建筑节能的探索实践，英国最早推出绿色建筑评价体系 BREEM，对其后的评价体系产生深远影响；美国 LEED 以其市场化模式运作最为成功，德国、日本、新加坡等其他国家也早已颁布绿色建筑评价评价标准以推进绿建在本国的发展。

我国绿色建筑起步仅十年，期间机遇与挑战并存。各级政府均制定推动政策促进绿色建筑的推广，但当前设计标识认证数量远高于运行标识，绿色建筑发展有待进一步完善。科技部发布的“十二五”（2011—2015）绿色建筑科技发展专项规划提出了三个技术支撑重点，并积极推进相关技术的研发、标准规范的编制修订与工程应用示范。这一时期制定了“绿色建筑”及相关领域的评价标准、规范，并在全国范围实现了绿色建筑、生态城市等实例示范。此外，国家“十三五”（2016—2020）发展规划纲要将生态文明建设作为发展战略的重要内容，提出创新、协调、绿色、开放、共享的发展理念，在国家政策的大力支持下，我国绿色建筑事业将迎来难得的历史发展机遇。

3. 建筑室内外物理环境

我国建筑室内外物理环境的研究工作起步较晚，但是随着全球气候变化日益剧烈，国家对建筑内外物理环境研究力度逐渐增强，相关研究在我国蓬勃开展[38]。在此基础上，我国学者开展了建筑室内外物理环境的基础理论、关键技术与示范工程的建设等一系列工作，取得了一定的研究成果[39–43]。目前，西方发达国家主要在高效低渗围护隔热材料、室内采暖温湿度的科学调配、建筑节能与系统工程等领域开展了大量的基础理论研究。

总体来说，我国建筑室内外物理环境研究取得了一定进展，但由于深入研究需要多学科交叉，且我国热工分区较复杂，导致国内很多研究领域仍处于空白。现阶段很多研究仍停留在对国外的研究总结和借鉴的层面，具体并系统的理论体系有待形成；系统能量分析及优化分析方法和措施方面的研究，对不同气候区及工况类型建筑的能量平衡系统边界划分、计算范围、衡量指标、平衡周期等问题有待系统开展。

（四）综合防灾减灾相关研究

全球气候变暖引发一系列连锁反应，其中较为显著的是对极端气候事件的影响，使台风、暴雨、高温等极端气候灾害事件频发[44–45]。国外关于城市防灾减灾的理论研究和实践成果较多，主要集中于灾害法律法规制定、城市防灾规划研究、城市防灾空间设计及城市灾害应急管理救援几个方面[46]。在综合防灾减灾方面，国外的理论研究和实践成果均较为丰富，具体研究的灾种主要为台风、暴雨、高温热浪等[47]。我国关于城市防灾研究也取得了一定成果，形成了自己的灾害管理与救援体制，对于单灾种的研究已经比较深入，近年来也逐渐开展了一些关于综合防灾的研究课题。国内的综合防灾减灾集中在台风、暴雨、高温热浪以及雾霾防治等灾害防治方面[48]，在针对城市脆弱性和风险评估、灾害多发地区的城市规划、减缓气候变化的城市空间结构优化、适应气候变化的交通防灾规划、通风廊道规划等专项规划的研究上均取得了相应成果[49–50]。

1. 台风防灾减灾

近代对台风的研究始于20世纪初，从此前很少文献记录到当前的各种模拟、探测理论与技术的应用，对于台风灾害的研究经历了一个从产生到成熟的过程。世界上一些受风灾侵袭较为严重的国家，如日本、美国、中国等，已经针对各地的灾害特征建立起系统的防灾救灾体系，且一直致力于理论与技术创新。总体来说，当前国内外基于台风灾害的研究主要集中于台风时空分布规律、灾害风险评估、灾害防控和灾害损失等方面。

2. 暴雨内涝防灾减灾

国外对于城市暴雨内涝灾害防控研究多建立在数字化、技术化、信息化基础之上，关注对于暴雨内涝灾害的风险评估和损失评估、城市内涝预防体系构建、暴雨预警及应急机制完善、灾害保险、灾害管理与政策提升等。国内对城市暴雨灾害的研究在灾害认知、风险分析、灾害模拟等方面的研究进展较快，对灾害防控的研究尚处于初级阶段，在城市暴雨内涝的应对手段上，多采用工程措施和非工程措施的综合运用，在城市规划防灾安全布局与城市灾害应急响应系统等方面也有一些相应的研究，但尚待深入。

西方国家通过对各种规划手段的运用，达到全方位有针对性的综合防控效果，如美国纽约环保型的混合下水道、英国伦敦的可持续排水系统、日本东京的城市河网分洪与排涝设施。我国在减缓内涝灾害的工程措施及非工程措施层面均进行了相应研究，如城市竖向规划与排水规划体制改革、城市排水管网体系的完善、排水分区与泵站调整、雨洪调蓄与城市水系的衔接等工程措施；蓄滞洪区管理、洪水内涝预警预报、防洪排涝法规建设、城市土地利用布局与内涝防控、城市绿地道路排水竖向与内涝防控、以及智慧海绵城市建设与水生态安全格局构建研究等非工程措施。

3. 高温热浪防灾减灾

近年来，很多学者从气象学、环境科学、城市规划、疾病防控等不同领域、不同空间与时间角度对城市高温现象展开研究，主要集中于高温定义、高温预报预警系统、高温对城市环境要素影响等方面。国外学者早期较重于研究高温热浪灾害与城市居民健康的关系，后逐步将城市自然环境、建筑环境、人口特征、社会经济等因素纳入研究范畴。而国内从气象灾害学角度开展的研究较多，规划角度的研究较少，除了对城市高温热浪灾害脆弱性评估的研究有一定的深度外，多数研究都还停留在概念性宏观规划和建筑设计的政策层面。

国外学者从定量化空间脆弱性评估模型建立、脆弱性情景预测、城市扩张形态和灾害关系、城市弹性评估等多方面进行研究并提出具体策略。如美国国家环境保护局（EPAC）《极端高温事件指导手册》、世界卫生组织撰写的《高温——健康行动规划指导》、WHO世界卫生组织欧洲办公室的《高温——健康行动规划指导》；国内学者则从低碳导向、城市热岛效应的减缓、城市通风廊道的规划建设、城市建筑色彩和建筑材质等方面进行相关研究[51]。如城市结构低碳转型与城市热岛研究、香港和武汉等城市的通风廊道规划建设、城市环境气候图的应用等[52]。

4. 其他灾害防灾减灾

在大气污染灾害方面，改善城市微气候、减少城市热岛效应、减少污染物源排放、城市风环境等方面是国内外学者研究的重点与热点领域。在城市通风方面，国外较为领先的是德国的城市气候地图及城市通风廊道规划[53]、日本《“风之道”研究报告》等，我国具有代表性的是香港中文大学空气流通评估方法的研究、华中科技大学的城市广义通风道规划等；在减少城市污染源方面，国内外通过三维数值模拟、引入大空间通风效率概念、城市街谷形态与通风[54]、土地利用回归模型与通风、风洞试验与数值模拟（CFD）等层面研究如何促进污染物扩散。

全球气候变化还会引起滑坡、泥石流等地质灾害的增多[55]。对滑坡防灾减灾中的研究主要集中在滑坡敏感性分析、可能性分析、风险分析[56]。对泥石流防灾减灾研究主要集中在构建泥石流信息系统、泥石流危险性评价、泥石流预警[57]。此外，气候变化使得世界很多地方的水温变暖，海水的温度是赤潮发生的重要环境因子。对赤潮灾害的防控研究主要包括赤潮生物及海洋生态环境的基础研究、对赤潮灾害评估研究以及预防监测研究[58]。

三、关键科学和技术问题分析

（一）应对气候变化的可持续城市空间规划

1. 关键科学问题

城市与街区的气候适应性与绿色节能设计方法研究：从城市与街区层面研究减缓和适应气候变化的方法体系，在城市土地利用、道路与交通、建筑布局、绿地系统、城市基础设施等方面，提出绿色节能设计策略和韧性提升方法。

城市与街区的生态修复与环境改善原理和方法：研究针对已受到破坏和威胁的城市生态环境，综合生态学、景观学、城乡规划学、建筑学、管理学、经济学等多学科理论，研究具有可持续性的生态修复与环境改善原理和方法。

城市与街区的生态建设与运营方法研究：从城市交通、城市形态、产业布局、城市运营、生态街区建设等方面研究资源集约利用的方法策略。

2. 核心技术

“3S”技术：利用遥感技术、地理信息系统、全球定位系统等信息技术对研究区域的数据进行实时分析和储存，进行大数据研究。

新能源利用技术：利用太阳能、风能、地热能等可再生能源，减少石化能源的使用和二氧化碳的排放，并通过分步式能源系统、能源回收再利用系统等提升能源利用效率。

（二）应对气候变化的可持续绿色生态环境

1. 关键科学问题

应对气候问题的绿色生态环境规划策略：绿色生态环境规划是以自然方式调节建筑环境的重要途径之一。针对我国年平均气温升高、区域降水变化波动大、极端气候事件发生频率快且强度大等主要气候问题，从探究建筑与周围自然环境的关系入手，分别从“弱化影响”和“应对风险”两个方面进行绿色生态环境的布局研究，包括绿地系统、水网络、通风廊道等，从而提出气候变化下建筑环境规划的缓解策略和适应策略。

基于气候因子的绿色基础设施设计方法：气候变化对生态环境产生了剧烈影响，近年来，绿色基础设施建设已成为应对气候变化的重要途径。针对不同的适应目标，绿色基础设施规划设计方法研究又可以分为：以雨洪管理为目标的绿色基础设施规划设计方法研究、以低碳为目标的绿色基础设施规划设计方法研究和以生态保护与修复为目标的绿色基础设施规划设计方法研究。

基于气候适应性的景观营造与维护：生态环境的景观营造与维护作为建筑环境中的自然调节途径，通过影响大气水、热循环等，在城市应对未来气候变化中扮演着极其重要的角色。因此，在中微观尺度，以降温、固碳、促渗效能实地观测实验为手段，进行软硬景观的组合方式、植物种植方式、景观材料选择以及维护方法研究。可以有效提高建筑环境应对气候变化的潜力。

2. 核心技术

气候变化背景下空间布局适宜性评估技术：这种技术是以应对气候变化为目标优化景观空间布局，调节并改善建筑环境的重要基础。它要求建立涵盖自然气候、资源环境、场地空间乃至经济社会发展等各领域的综合空间数据信息，采用 GIS 空间分析技术、数理统计技术与专家认知相结合的方法，甄别气候变化与生态环境关键要素影响作用，建立气候变化背景下空间布局适应性评价指标体系。通过各指标综合评估，为建筑环境中绿地系统、水网络以及风廊通道等的布局模式、要素配置和规模提供本底基础和依据。

气候风险应对优先权识别预警技术：气候变化下建筑环境规划的适应策略研究，不仅需要提出针对专门气候问题或现象的适应规划策略，还需要将不同目标策略统筹整合到一套规划中。因此，需要基于场地功能定位、需求以及不同气候灾害风险对场地的影响，识别并提取规划的优先适应目标，指导特定空间环境规划策略的制定方向。

雨洪调控与监管技术：雨洪管理措施可以分为结构性和非结构性措施。结构性措施主要是具体的技术性措施，非结构性措施主要是规划和政策性措施。在结构性措施中，积存的措施主要有：雨水汇集罐和收集池；渗透的措施有：渗渠、渗透性铺装等；净化的措施有：过滤带、浅草沟、入水口截污装置、树箱过滤器和植物缓冲带；生物滞留池和干井兼具积存、渗透、净化功能。

低碳景观设计与营建技术：实现低碳景观设计技术手段的多样化，主要包括植物种类选择技术、植物景观空间营造技术和植物景观维护技术。具体包括：以低碳为目标的固碳植物、节水植物、乡土植物；以雨洪管理为目标的净水植物；以生态修复为目标的耐盐碱植物、降解重金属植物等。

生态修复与生物多样性保护技术：从生态系统的角度，生态修复技术可以分为生境恢复技术、生物恢复技术和生态系统结构与功能恢复技术；从理化性质的角度，生态修复技术可以分为物理修复技术（如人工增氧）、化学修复技术（化学药剂）、生物技术（水生植物修复）以及工程技术。

（三）应对气候变化的可持续建筑物理环境

1. 关键科学问题

建立适应我国气候环境的建筑气象分析技术与室外气象描述方法及预测模型：针对我国缺乏设计前期针对室外气候自然冷热源可利用率的定量分析方法，以及缺乏精细化模拟分析利用室外气候数据的问题[59]，需要建立适应我国气候环境的建筑气候分析技术与室外气候特征的描述方法及气象预测模型。

基于典型气候、地域环境下建筑设计方法的优化：针对高大空间公共建筑、大型综合体建筑、城镇居住建筑，研究典型气候和地域环境下的绿色建筑设计方法、适应性优化技术、绿色性能计算方法和模拟分析技术。

基于适应气候变化的建筑空间性能的提升方法：以建筑空间绿色性能提升为核心，研究绿色建筑设计新原理、建筑空间设计和绿色性能同步优化的新方法，构建目标体系和评价体系，制定相关技术标准。

研究应对气候变化的新型围护结构及热工基础理论：随着节能要求的提高，以及气候变化引起极端天气的增多，原有的热工基础理论已经不再适合建筑发展的需求，应研究在动态气象条件下的非稳态、多维、多参数的围护结构传热、传湿机理；研究透明围护结构、相变蓄热围护结构、通风围护结构等新型围护结构的热工基础理论，为建筑更好地应对气候变化奠定基础。

建立基于中国人群生理指标的热舒适度评价模型：现有热适应模型是以客观观察和统计数据为基础，无法解释人体适应机理，且我国地域广阔，不同地域人群生理热舒适要求各不相同，研究热环境—热舒适之间的作用关系，揭示其机理，使其由实验科学向理论科学转变，建立用生理指标评价热舒适度的模型，使热适应模型更好地指导建筑师的节能设计，是实现舒适节能的建筑热环境的重要研究课题。

基于应对气候变化的性能模拟集成化平台：新型绿色性能模拟分析工具和多目标优化设计工具、绿色设计集成化工具平台。

2. 核心技术

应用于新建建筑的绿色技术：包含 BIM 技术、实物模型模拟、太阳能光伏一体化技术、雨水收集系统、能耗分项计量系统、被动式绿色技术、可再生能源利用技术等。

应用于既有建筑的绿色技术：包含能耗性能检测技术、新能源利用技术、非传统水源利用技术、加装改装电梯技术、能源监控系统等。

建筑热物理环境模拟与仿真技术：该技术主要依据多维动态传热的理论，采用数值计算技术，通过热网络法、反应系数法、状态空间法等计算方法[60]，深入研究可用于建筑室内外物理量场的各项技术指标和模型，包括建筑室内热舒适度指标、建筑供暖通风与空调能耗指标、室内空气温度场分布、建筑室内外辐射场分布、传热计算模型等。

（四）应对气候变化的综合防灾减灾

1. 关键科学问题

基于气候变化的城市致灾机理研究及典型脆弱区识别：从致灾因子（极端气候灾害特征）、暴露度、脆弱性三个方面对极端气候事件和城市承灾体特征进行分析研究，总结出极端气候事件作用于城市的致灾机理，并应用生态安全格局理念，识别极端气候条件下城市的典型脆弱区域。

应对及适应气候变化的城市御灾体系构建：从基于致灾因子的减灾策略、基于孕灾环境的防灾策略、基于承灾体的避灾策略等三个方面构建城市御灾策略体系。基于致灾因子的减灾策略是针对极端气候事件的灾害特征与作用机理展开减灾研究；基于孕灾环境的防灾策略是从城市空间结构、用地布局、道路交通、基础设施和开放空间等提出策略，并对极端气候条件下的典型脆弱地段进行具体防御策略研究；基于承灾体的避灾策略是对城市避灾空间规划、应急避灾措施以及应急避灾管理等方面展开研究。

2. 核心技术

城市极端气候灾害的预警与风险评估关键技术：极端气候灾害监控预警技术主要分为：基于遥感、遥测的城市气候灾害观测技术，基于大数据的城市气候灾害的风险评估技术，基于大数据、云计算等的灾害实时预警技术，运用 GIS 进行数据获取、数据分析、建模分析等制图技术，运用 3S 数字技术对灾害的区域分异规律进行分析，对各个灾害的分布位置和风险程度进行叠加的综合灾害风险图制作技术。

极端气候灾害的生态化缓减与智慧防控与技术：运用生态化方法的城市气候灾害缓减与适应技术，应对气候灾害的大数据及智慧防控技术、城市与建筑气候灾害主动与被动式防控技术，以及对城市暴雨内涝、台风风暴潮、洪水等自然灾害，海平面上升等极端气候事件综合防御防控技术，还包括基于 GIS、情景分析法和专业模型的城市气候防灾规划与布局优化技术，建筑群与建筑单体应对极端气候灾害的数字模拟与防控技术。

风险评估与管理方法：基于决策树算法的城市防灾减灾应急指挥方法，以及新兴的基于物联网技术的城市防灾减灾应急指挥方法。

四、发展路径与重点任务

全球气候变暖已经成为世界范围内的不争事实和共同挑战，并将引发一系列环境问题，继而改变全球气候环境与大气环流，使得台风、暴雨、高温、干旱等极端气候灾害事件频发，气候安全已成为世界范围内城市面临的共同挑战。在 2015 年《中美元首气候变化联合声明》中，中国提出了气候行动目标以配合《巴黎协定》的内容。目标提到："中国到 2030 年单位国内生产总值二氧化碳排放将比 2005 年下降 60%~65%。中国承诺将推动低碳建筑和低碳交通，到 2020 年城镇新建建筑中绿色建筑占比达到 50%，大中城市公共交通占机动化出行比例达到 30%。"为此，"十三五"期间我国要实现到 2020 年单位 GDP 碳排放比 2005 年下降 40%~45% 的低碳目标，并为实现中长期低碳发展目标奠定基础。从中国提出的目标来看，我国的气候行动任重而道远。

（一）城市空间规划方面

城市以及城市中的建筑每年消耗着大量的能源和资源，据统计，城市空间占地球表面不到 1% 的面积，却消耗世界约 75% 的能源[61]，并排放全球总排放量 71% 的温室气体。

在我国，城市建筑能耗约占年度总能耗的26%[62]。在这样的大背景下，城市空间规划的可持续发展对延缓气候变化及适应气候变化起到了重要的作用。当前的重点任务及发展路径如下：①减少城市空间的能源消耗量和碳排放总量。为减少城市空间的碳排放，应运用城市生态学理论（urban ecology）、可持续发展理论（sustainable development），研究城市各组分之间的能量流通关系，通过合理的资源循环利用方式，使用可再生能源，减少城市能源需求水平和碳排放量。②降低城市空间对自然生态环境的干扰和破坏。应结合生态城市理论（eco-city），从城市土地利用、道路与交通、建筑布局、绿地系统、城市基础设施等多方面、多视角探索城市建设与自然生态和谐共存的城市建设方略，寻求天人合一的城市人居环境。③提升城市空间应对自然气候条件变化的韧性。为应对气候变化带来的生态安全威胁，应运用韧性城市理论（resilience city），考虑城市空间的"生态韧性"，提升城市空间在经历干扰后恢复和达到新平衡的能力。

（二）绿色生态环境方面

在与建筑学科相关的建成环境中，以应对气候变化为目标的绿色生态环境规划、绿色基础设施规划设计以及小尺度的景观营造对于延缓和适应全球气候变化起着重要作用。为适应气候变化，当前的重点任务及发展路径如下：①构建延缓气候变化的景观生态空间规划体系。景观生态空间，作为城市的"自然基础设施"，通过科学合理的规划可以起到调节城市气候的作用。我国当前的研究应首先注重积累基础资料，学习先进的技术手段，研究气候变化与下垫面改变、人类活动方式间相互关系；其次注重研究方法创新，构建具有景观尺度的连续性和评价准确性的研究方法体系；第三，扩大研究范畴、研究视角，在全球气候变化的大背景下，从景观格局、生态过程与气候变化间相互关系的大格局入手展开研究。②深入研究适应气候变化的绿色生态环境。IPCC第五次评估报告显示，气候变化导致全球变暖的同时，引起了极端降水事件增多，带来城市内涝和水资源短缺以及生态环境破坏的问题。为适应气候变化，增加城市韧性，我国提出了一系列城市建设和发展的方针政策。包括应对城市内涝和水资源短缺问题的"海绵城市理论"，应对生态环境破坏的"城市双修"和"生态城市"建设理论，提升绿色基础设施的"国家园林城市"建设目标等。当前还应重点研究构建系统性的城市雨洪管理体系，从雨洪管理理论、技术方法等多角度提升当前城市雨洪管理能力。同时，应研究提升生态修复技术水平和集成应用能力，构建科学性、系统性的生态修复模式。

（三）建筑物理环境方面

在适应气候变化的条件下，通过发展绿色建筑和既有建筑绿色化改造，使建筑物既能满足室内环境舒适性的要求，又能降低单位面积的建筑物终端能耗，是当前建筑室内外物理环境方面应对气候变化的有效举措。我国每年新建绿色建筑的面积虽然大幅增长，但与每年近二十亿平方米的建筑开工量以及未来二三十年城镇化过程中新建二三百亿平方米的总建设量相比，绿色建筑建设总量远达不到节能环保严峻形势的要求。并且目前我国大部分“存量”建筑都存在资源消耗水平偏高、环境影响偏大、工作生活环境亟需改善、使用功能有待提升等方面的问题。当前的重点任务及发展路径如下：①提升绿色建筑设计理论与方法。运用多学科、多视角融合的技术手段，优化绿色建筑设计及技术水平。如结合动态性、预测性的气象数据进行热物理环境模拟计算；利用计算机技术，进行动态能耗模拟；结合热适应理论，进行热舒适度研究等。同时，从建筑师的设计源头提升绿色意识，将当代发展的“绿色需求”与建筑空间“物质功能”和“精神感受”的追求有机结合，形成系统性的绿色建筑设计原理及方法体系。②建立既有建筑绿色化改造技术体系。以全寿命周期角度考虑既有建筑的节能改造方式，最大限度地节约资源（节能、节地、节水、节材）、保护环境、减少污染，为人们提供健康、适用和高效的使用空间。综合运用绿色建筑技术，在避免造成更大能源、资源浪费的条件下，研究既有建筑的绿色化改造技术体系，在改善既有建筑的结构稳固性、使用舒适性的基础上，最大限度地提升保温隔热性能，增加主动式绿色节能设施。

（四）综合防灾减灾方面

为应对全球气候变化，全球科学家、企业及政府都做出了不懈努力，联合国人类住区规划署提出了解、评估及应对气候变化行动的指南，倡导规划技术和管理部门，联合各社会组织和经济部门，通过参与式的规划方法，共同应对城市气候问题。国内外诸多学者已经深刻意识到城市环境与城市灾害的密切关系，在新一轮的城市规划中纷纷倡导绿色生态的规划理念和方法，提出一系列应对气候变化的“适应方案”和“减缓方案”。当前的重点任务及发展路径如下：

（1）运用灾害学理论进行综合防灾减灾研究

灾害学理论主要是针对灾害发生的原因进行研究，探索分析灾害发生的机理与规律，运用综合分析方法和概率理论，预测灾害发生的可能性，从而为防灾减灾决策工作提供理论和数据基础，最大程度降低灾害带来的影响和损失。

（2）运用防灾规划理论进行综合防灾减灾研究

防灾规划理论包括安全城市理论、韧性城市理论、海绵城市理论等几个方面。安全城市理论是日本政府在与灾害抗争的实践中，逐渐探索形成的一套经验理论，后逐渐在具有同类型条件的亚洲国家中开始推行实施。一般包括四个方面：防灾与救灾基本计划、防灾城市基础设施、防灾生活圈规划和防灾管理。韧性城市理论是指城市的经济、社会、政治、文化及物质环境等各个系统应对外部干预，吸收与化解压力及变化，其基本结构和功能不受影响的相应规划理论与方法。韧性有助于城市在缩小灾难风险和适应气候变化之间建立联系。海绵城市理论具体内涵包括雨洪管理、生态防洪、水质净化、地下水补充、棕地修复、生物栖息地的营造、公园绿地营造，以及城市微气候调节等。

（3）运用城市生态安全理论进行综合防灾减灾研究

城市生态安全理论包括生态安全格局理论和可持续发展理论。生态安全格局理论是保证生态系统功能、生态结构完整性，以及自然生态中保护生物多样性，构建自然环境、社会和城市等各子系统协调发展平衡格局的重要保障。可持续发展理论强调以生态合理性来评判城市各种建设、发展行为，对生态环境有益的城市经济活动予以鼓励扶持，反之则摒弃。

五、政策和措施建议

（一）应对气候变化的建筑环境可持续发展相关政策

在近年来气候变化对生态环境造成的影响愈发严重的背景下，我国政府也采取了诸多应对措施，在建筑环境可持续发展方面发布了一系列政策。国家“十三五”（2016—2020）发展规划纲要将生态文明建设作为发展战略的重要内容，提出创新、协调、绿色、开放、共享的发展理念。2016 年的中央城市工作会议提出推动、形成绿色低碳的生产生活方式和城市建设运营模式，按照绿色循环低碳的理念对城市进行规划建设。2017 年住房和城乡建设部发布了《城市设计管理办法》，提出要“保护自然环境，优化城市形态，节约集约用地”等原则，进行城市设计的同时要保护好生态环境。2016 年 2 月 6 日，党中央国务院发布的《关于进一步加强城市规划建设管理工作的若干意见》提出建筑八字方针“适用、经济、绿色、美观”，首次将绿色的概念纳入到建筑设计、施工和运营的全过程，并将“绿色建筑及建筑工业化”重点专项列入“十三五”家重点研发计划。2008 年起施行的《城乡规划法》规定防灾减灾等内容应作为城市总体规划和镇总体规划的强制性内容。2011 年，《国家综合防灾建筑规划》《城乡建设防灾减灾“十二五”规划》为防灾减灾工作提供了依据。中共中央于 2016 年 12 月发布了《国务院关于推进防灾减灾救灾体制机制改革的意见》，提出我国面临复杂而严峻的自然灾害形势，并提出了相应的意见和建议。

（二）应对气候变化的建筑环境可持续发展相关措施建议

1. 城市空间规划

在城市空间可持续发展方面，实现城市规划与建筑、景观的一体化设计，加强在中观尺度的精细化设计，实现宏观城市层级、中观街区层级和微观建筑层级的系统化设计，有助于未来城市空间的可持续发展。在城市中观尺度，提出适应不同生态环境要素的街区设计策略，主要包括：结合气候条件的设计策略、结合土地条件的设计策略、结合绿地植被的设计策略、结合水体条件的设计策略。提出适应不同空间形态要素的街区设计策略，主要包括：土地利用模式完善、交通系统道路设计、空间形态设计、景观系统设计、公共空间设计、防灾系统设计等内容。

2. 绿色生态环境

在绿色生态环境可持续发展方面，相关措施可分为规划、设计、技术与管理三方面。其中规划措施应主要包括：建筑选址与布局的景观格局特征，与绿地的关系。对其他生态因子的影响：城市风环境（空气质量）、水系完整性、生境多样性、生物多样性。设计措施应主要包括：屋面绿化（屋顶和墙体绿化），建筑与绿化地带的整体设计（增湿降温的网络技术）；建筑小环境与植物种植设计。技术与管理措施应主要包括：雨洪管理技术、低碳技术、生态修复技术、景观工程技术的应用以及景观维护与管理。

3. 建筑物理环境

建筑室内外物理环境应继续加强基础理论研究，注重与能源、环境、材料、工程热物理学等学科和领域的交叉渗透，使建筑室内外物理环境的研究能够适应新的环境变化需求及我国的社会发展需求。扶持与建设一批比较先进的建筑物理环境理论与实验的研究基地，要从幅员辽阔、区域气候差异显著的国情出发，注意建筑物理环境研究的区域布局。科研机构和高等院校要发挥各自的区域优势，分工合作，使我国室内外建筑物理环境研究进入世界先进行列。

4. 综合防灾减灾

目前，我国大部分地区的城市防灾规划应用基本上还处于单灾种规划阶段，防灾规划和应急规划仍作为相对独立的体系发展。需要尽快制定综合防灾减灾的基本法，并加速制定出台城市综合防灾规划规范标准；同时，应进一步加强应对气候防灾体制、机制和法制的建设，制定适应气候变化的中长期规划与决策协调机制，加强气候变化的风险评估，明确高风险行业、关键领域和相关区域，优化沿海、沿江和生态脆弱区等高风险地区的人口和产业布局、加强城市关键基础设施的气候防护能力，推动城市、街区与建筑群多层次综合防灾减灾规划的制定和实施，大幅度提升城市的整体防灾减灾能力，减少灾害损失。

六、发展趋势与展望

（一）城市空间规划发展趋势与展望

1. 发展趋势

当前有关城市空间规划的研究多集中于城市宏观层面的空间结构、用地布局、道路交通等内容，而较少涉及中、微观层面的街区尺度研究。未来研究应重新建立系统化研究机制，需重点关注城市中、微观层面的空间研究，考虑城市层面（区域层面）、城区层面、街区层面、建筑层面等不同空间层级之间的内在联系和相互作用机理，营建具有不同地域风貌特色的差异化城市空间形态。

目前的研究中对城市形态与生态环境要素的整体考虑较少，研究多着眼于气候环境和土地条件与城市空间形态的关系，对于绿地植被、水体条件以及整体生态环境对城市空间形态的综合影响研究较少。未来的研究将对城市生态环境要素与空间形态的关联进行更加深入的探索，提出绿色、生态视角下的城市空间形态规划和城市设计策略。

随着对城市空间规划研究的深入，未来需进一步探讨从城市空间形态视角提高土地利用效率、推动绿色交通、完善城市开放空间体系、构建绿色循环产业体系的理论与方法，实现城市生态环境、功能业态、历史文脉与空间形态之间的协调发展。

2. 未来展望

随着城市的快速发展以及科技的不断进步，城市空间规划的研究需要深度结合时代发展要求形成与时俱进的空间形态和技术指标。在应对全球气候变化的背景下，未来的城市空间规划研究必将与生态学、管理学、社会学等多学科进一步融合，形成从宏观至微观的城市空间规划理论体系，促进城市生态环境、道路交通、基础设施、产业布局与空间形态的有机关联。结合大数据、“3S”技术等技术手段，进一步探索城市空间形态与生态环境要素的内在关系，从生态、宜居、高效等多角度探索最优化的城市空间发展模式。

（二）绿色生态环境发展趋势与展望

1. 发展趋势

观念转变：为延缓气候变化和适应气候变化，建筑将更加关注与环境的关系，注重设计结合自然的理念，注重保护原生自然资源、减少开发对自然状况的影响和恢复场地的自然机能。很多违背场地条件、忽视自然影响和气候变化、破坏环境的建筑模式将被限制和摒弃，实现建筑与环境共生。

多学科合作：随着对建筑环境可持续发展的深入研究，将促使建筑、建筑技术、风景园林、城市设计、景观生态学、计算机辅助设计等多学科、多领域的交叉融合。

多尺度统筹：建筑环境将实现中观尺度至微观尺度、从规划设计至建造管理的多维度的统筹规划，系统研究从建筑区域、周边环境到建筑本体的可持续性，加强从规划设计、建造与技术到管理与维护多层监控，从更大的范围内减低建筑对环境的影响与破坏。

新技术融合：随着科学技术的发展，新技术在建筑环境中将得到更广泛的应用，包括：新材料、新能源技术的应用，智能化、可视化技术的应用，固碳、减碳新技术的应用，以及植物增湿降温滞尘创新技术的应用等。

2. 未来展望

随着信息、生物科技的飞速发展，新能源、新材料、新技术、新品种在绿色生态环境的规划与设计、工程与技术、建设与管理等各个环节中得以广泛应用，为应对气候变化提供了有力地支撑和保障。本研究领域的未来研究热点集中为多学科多领域技术的高度融合与集成：借助计算机模拟技术实现建筑环境的评估和气候变化的预警；大数据、地理设计、虚拟现实技术在应对气候变化的建筑环境设计中的应用研究；建筑环境设计的定量化、参数化和智能化，融入电子数据读取—反馈模型、网络服务器等技术，具有自主调节系统的动态智能景观研究等。

（三）建筑物理环境发展趋势与展望

1. 发展趋势

从基本理论方面来看，建筑物理环境基本理论将朝着非稳态、多维、多参数耦合方向发展，最新的热物理学理论成果将引入到建筑物理环境研究领域，同时进一步与其他科学、技术、工程交叉融合，形成多层面、多领域的交叉学科。

从基础应用方面来看，从建筑设计应用角度建立系统的、完整的物理环境数据资料，建立不同区域的热舒适度生理数据库，以整体观、系统观来研究建筑能耗，完善动态能耗计算方法，不断改进数据处理和分析技术，提高计算结果的准确性。

从实验研究方面来看，针对新兴的建筑材料及技术，开发新的实验方法及新的实验设备，提高数据采集精度，为工程应用提供数据支持，将新材料与新技术快速引入实用。在我国不同的气候区域建立物理环境监测网络，通过云平台实现数据共享，挖掘数据内涵，对建筑室内外物理环境进行准确预测。

2. 未来展望

随着建筑科学技术的进步和发展，建筑物理环境研究也将得到极大的发展，基础理论逐步更新，建筑热工体系更加完善，建筑节能理论将向更高层次发展；未来将针对不同建筑类型，发展出更为快速高效的建筑能耗分析工具，开发出大型专业软件包，研究出适合我国不同地域特点及气候变化的建筑物理环境设计方法；通过云计算，结合物联网技术，将在全国范围内实现建筑物理环境信息共享，构建综合应用数据平台，实现对建筑物理环境的智能控制，更好的应对未来气候的变化。

（四）综合防灾减灾发展趋势与展望

1. 发展趋势

当前建筑环境层面安全灾害防治的重点，已从工程措施向非工程措施技术手段转变；摒弃单纯工程防灾思维，向韧性城市防灾理论转变；从单项防灾转向综合防灾，并强化危机管理；同时，基于智慧技术建立综合化的防灾管理平台。

发展“互联网 +”的智慧城市综合防灾数字平台。通过智慧城市建设，建立标准化数字防灾标准，实行灾害防控数据共享；推进风险评估、环境安全监测等智慧化的关键技术方法；建设实时灾害预警机制、城市安全预警机制与智慧型决策框架，实现灾害损失的快速评估，提供灾中应急反应决策，确保及时发现灾害隐患、控制灾害扩展和蔓延，并及时提供救援。

探索多种极端气候事件并发下的城市环境复合灾害防御策略。结合气象防灾、环境防灾等领域，通过整合 GIS、数字模型、灾害情景模拟、云计算、GPS 定位、遥感遥测等智慧技术手段，探索极端气候事件产生的灾害机理，研究复合灾害的相互影响机制，防范极端气候事件产生的次生灾害，研究复合防灾系统。

构建应对气候变化灾害的协同治理机制和韧性城市防灾理论。开展跨学科、多领域、多部门的共同协作，开展韧性城市测评，完善定量化及科学选择评价指标的建筑环境韧性评价体系，加强多尺度灾害韧性研究及城市生态韧性、基础设施韧性研究等方面，构建应对气候变化的协同治理机制。

2. 未来展望

随着智能技术的不断发展，基于智慧技术的建筑环境层面综合灾害的应用研究，将成为未来应对气候变化的重要发展方向。未来防灾领域的研究热点，将集中在跨学科、多领域、新技术的集成与应用，动态韧性防灾理论建立，定量化韧性城市测评，以及灾害预警、应急决策、灾后救援等的多主体、平台式的安全管理平台建立等方面，并将在大数据、"3S" 技术、人工智能等的气候灾害情景模拟分析技术等方面得到长足发展。

参考文献

[1] Marsh W M. Landscape planning：Environmental applications [M]. New York：Wiley，2005.
[2] 蕾切尔·卡逊. 寂静的春天 [M]. 北京：北京理工大学出版社，2015.
[3] Olgyay V G，Olgyay A. Design with Climate：Bioclimatic Approach to Architectural Regionalism [J]. Journal of Architectural Education（1947–1974），1963，18（3）.
[4] 伊恩·伦诺克斯·麦克哈格. 设计结合自然 [M]. 天津：天津大学出版社，2008.
[5] 黄光宇，陈勇. 生态城市概念及其规划设计方法研究 [J]. 城市规划，1997（6）：17–20.
[6] 王建国. 生态原则与绿色城市设计 [J]. 建筑学报，1997（7）：8–12.
[7] 曾坚，左长安. 基于可持续性与和谐理念的绿色城市设计理论 [J]. 建筑学报，2006（12）：10–13.
[8] 杨丽，庞弘，周艳芳. GIS 在"绿色城市设计"应用中的探索 [J]. 武汉大学学报：工学版，2001（6）：100–103.
[9] 林姚宇，王耀武，张昊哲，等. 论生态城市设计及其环境影响评价工具 [J]. 华中建筑，2007，25（7）：78–81.
[10] 黄献明. 生态设计之路：一个团队的生态设计实践北京 [M]. 北京：中国建筑工业出版社，2009.
[11] 臧鑫宇，王峤，陈天. 绿色视角下的生态城市设计理论溯源与策略研究 [J]. 南方建筑，2017（2）：14–20.
[12] Hall P. Good cities，better lives：how Europe discovered the lost art of urbanism [J]. Housing Studies，2017，85（4）：1–2.
[13] 刘涟涟，陆伟. 迈向绿色交通的德国城市交通规划演进 [J]. 城市规划，2011（5）：82–87.
[14] 徐循初. 关于确定城市交通方式结构的研究 [J]. 城市规划学刊，2003（1）：13–15.
[15] Gadde S，Rabinovich M，Chase J. Reduce，reuse，recycle：An approach to building large internet caches [C] //

Operating Systems, 1997.The Sixth Workshop on Hot Topics in. IEEE, 1997: 93–98.

[16] Yuan Z, Bi J, Moriguichi Y. The circular economy: A new development strategy in China [J]. Journal of Industrial Ecology, 2006, 10 (1–2): 4–8.

[17] Andersen M S. An introductory note on the environmental economics of the circular economy [J]. Sustainability Science, 2007, 2 (1): 133–140.

[18] 王峥, 任毅 . 我国太阳能资源的利用现状与产业发展 [J]. 资源与产业, 2010, 12 (2): 89–92.

[19] 克利夫·芒福汀 . 街道与广场 [M]. 北京: 中国建筑工业出版社, 2004.

[20] 伊丽莎白·伯顿, 琳内·米切尔 . 包容性的城市设计: 生活街道 [M]. 北京: 中国建筑工业出版社, 2009.

[21] 卡蒙娜 . 城市设计的维度 [M]. 南京: 江苏科学技术出版社, 2005.

[22] Dhar T K, Khirfan L. A multi-scale and multi-dimensional framework for enhancing the resilience of urban form to climate change [J]. Urban Climate, 2017(19): 72 - 91.

[23] 吕斌, 孙婷 . 低碳视角下城市空间形态紧凑度研究 [J]. 地理研究, 2013, 32 (6): 1057–1067.

[24] 杨磊, 李贵才, 林姚宇 . 影响城市居民碳排放的空间形态要素 [J]. 城市发展研究, 2012, 19 (2): 26–31.

[25] 刘志林, 秦波 . 城市形态与低碳城市: 研究进展与规划策略 [J]. 国际城市规划, 2013, 28 (2): 4–11.

[26] 臧鑫宇 . 生态城街区尺度研究模型的技术体系构建 [J]. 城市规划学刊, 2013 (4): 81–87.

[27] X Zang , C Tian , W Qiao. Construction of a Sustainable Development Indicator System of Green Blocks [J]. Icsi , 2014 (11): 589–603.

[28] QMZ Iqbal , ALS Chan. Pedestrian level wind environment assessment around group of high-rise cross-shaped buildings: Effect of building shape, separation and orientation [J]. Building & Environment , 2016 (101): 45–63.

[29] Tsang C W, Kwok K C S, Hitchcock P A. Wind tunnel study of pedestrian level wind environment around tall buildings: Effects of building dimensions, separation and podium [J]. Building & Environment, 2012, 49 (3): 167–181.

[30] 胡孝俊, 汤小敏, 解铭刚, 等 . 城市住区室外热环境模拟研究 [J]. 建筑科学, 2012 (s2): 260–265.

[31] 李雪松, 陈宏, 张苏利 . 城市空间扩展与城市热环境的量化研究——以武汉市东南片区为例 [J]. 城市规划学刊, 2014 (3).

[32] 陈天, 臧鑫宇, 王峤 . 生态城绿色街区城市设计策略研究 [J]. 城市规划, 2015, 39 (7): 63–69.

[33] 俞孔坚, 王思思, 李迪华, 等 . 北京城市扩张的生态底线——基本生态系统服务及其安全格局 [J]. 城市规划, 2010 (2): 19–24.

[34] 曹磊, 杨冬冬, 黄津辉 . 基于 LID 理念的人工湿地规划建设探讨——以天津空港经济区北部人工湿地为例 [J]. 天津大学学报: 社会科学版, 2012, 14 (2): 144–149.

[35] 贾行飞, 戴菲 . 我国绿色基础设施研究进展综述 [J]. 风景园林, 2015, (8): 118–124.

[36] 裴丹 . 绿色基础设施构建方法研究述评 [J]. 城市规划, 2012 (5): 84–90.

[37] 栾博, 柴民伟, 王鑫 . 绿色基础设施的发展、研究前沿及展望 [J]. 生态学报, 2017 (15): 1–16.

[38] 张颀, 徐虹, 黄琼 . 人与建筑环境关系相关研究综述 [J]. 建筑学报, 2016 (2): 118–124.

[39] 庄智, 余元波, 叶海, 等 . 建筑室外风环境 CFD 模拟技术研究现状 [J]. 建筑科学, 2014, 30 (2): 108–114.

[40] 方平治, 史军, 王强, 等 . 上海陆家嘴区域建筑群风环境数值模拟研究 [J]. 建筑结构学报, 2013, 34 (9): 104–111.

[41] 史源, 任超, 吴恩融 . 基于室外风环境与热舒适度的城市设计改进策略——以北京西单商业街为例 [J]. 城市规划学刊, 2012 (5): 92–98.

[42] 张颀, 徐虹, 黄琼, 等 . 北方寒冷地区古代大空间建筑室内热环境测试研究 [J]. 城市建筑, 2013 (3): 104–108.

[43] 王立雄，苏晓明，党睿，等. 居住区光环境检测及评价研究 [J]. 建筑科学，2013，29 (8)：19–21.
[44] Intergovernmental Panel on Climate Change. Climate Change 2014 – Impacts，Adaptation and Vulnerability：Regional Aspects [M]. London：Cambridge University Press，2014.
[45] Canziani O F，Palutikof J P，van der Linden P J，et al. Climate change 2007：impacts，adaptation and vulnerability. [M] .London：Cambridge University Press，2007.
[46] National Capital Planning Commission. Designing for Security in the Nation' s Capital [M]. Washington，DC：National Capitol Planning Commission，2001.
[47] Intergovernmental Panel on Climate Change. Climate Change 2014 – Impacts，Adaptation and Vulnerability：Regional Aspects [M]. London：Cambridge University Press，2014.
[48] 顾朝林，张晓明. 基于气候变化的城市规划研究进展 [J]. 城市问题，2010 (10)：2–11.
[49] 王峤，曾坚. 高密度城市中心区的防灾规划体系构建 [J]. 建筑学报，2012 (s2)：144–148.
[50] 曾坚，王峤，臧鑫宇. 高密度城市中心区地下防灾系统构建 [J]. 建筑学报，2013 (s1)：56–60.
[51] 徐金芳，邓振镛，陈敏. 中国高温热浪危害特征的研究综述 [J]. 干旱气象，2009 (2)：163–167.
[52] 顾朝林，张晓明. 基于气候变化的城市规划研究进展 [J]. 城市问题，2010 (10)：2–11.
[53] 刘姝宇，沈济黄. 基于局地环流的城市通风道规划方法——以德国斯图加特市为例 [J]. 浙江大学学报 (工学版)，2010 (10)：1985–1991.
[54] Arain M A，BLAIRR. The use of wind fields in a land use regression model to predict air pollution concentrations for health exposure studies [J]. Atmospheric Environment，2007 (41)：3453–3464.
[55] 董杰，贾学锋. 全球气候变化对中国自然灾害的可能影响 [J]. 聊城大学学报 (自然科学版)，2004，17(2)：58–62.
[56] Lee S，Ryu J，Min K，et al. Development and application of landslide susceptibility analysis techniques using geographic information system (GIS) [J]. IEEE，2000 (1)：319–321.
[57] 韦方强. 中国泥石流数据库服务系统 [M]. 成都：四川科学技术出版社，1998.
[58] 郭阳雪，孔祥洪，杨渭，等. 基于物联网的赤潮监测系统 [J]. 实验室研究与探索，2013，32 (3)：21–25.
[59] 白鲁建，黄睿洁，宋冰，等. 浅谈当前建筑气候分析中存在的问题及应用前景 [J]. 建筑节能，2015 (3)：73–75.
[60] 刘大龙，刘加平，杨柳. 建筑能耗计算方法综述 [J]. 暖通空调，2013，43 (1)：95–99.
[61] 蔡博峰. 中国城市温室气体清单研究 [J]. 中国人口资源与环境，2012，22 (1)：21–27.
[62] 张公嵬，薛晓光，陈翔. 欧盟生态建筑立法与实践及其对我国的启示 [J]. 建筑经济，2013 (6)：8–11.

撰稿人：张 颀 宋 昆 曾 坚 陈 天 王立雄 曹 磊 臧鑫宇 解 琦
张秦英 胡一可 王 峤 王 苗 叶 青 杨冬冬 许 涛

城乡统筹发展背景下的乡村建设战略研究

一、乡村建设的主要研究内容

农业、农民与农村“三农问题”是中国国民经济与社会发展的难点。自 2006 年以来，国家在乡村投入了大量的人力物力，先后经历社会主义新农村建设、新型农村社区建设、美丽乡村建设三大发展阶段，同时穿插着传统村落保护、特色小镇建设、扶贫安居工程等一系列重大专项工作，不断积极探索适宜中国国情的乡村建设模式，取得了显著的成绩，也带动了学术界乡建研究热潮。2017 年，党的十九大报告中提出“乡村振兴战略”，并制定“农村人居环境整治三年行动方案”，为乡村未来发展建设提出了明确的新要求。

既往研究认为，城镇化水平超过 50% 时，标志着农业国家转为工业国家，在这一阶段，城市工业化对乡村发展的挤压作用更加强烈，同时由于乡村内部农业机械化普及、农业生产率的极大提高，乡村劳动力大量输出以及人口持续减少，从产业到空间都面临转型重构。新型城镇化下的中国乡村，衰败与复兴并存，机遇与危机同在，城乡结构面临巨变，城乡统筹背景下乡村建设新生了研究领域也面临着更加复杂的挑战。

本专题在梳理国内外乡村研究历程、现状、规律和动态的基础上，研究内容围绕当前中国乡村转型瓶颈展开，提出以下五个乡村建设关键科学与技术问题：①转型期乡村动态过程规划原理与方法；②乡村既有建筑环境品质提升技术；③乡村地域建筑及其营建技术；④空废村落绿色消解与再利用模式；⑤地域民居建筑文化遗产保护与传承。进而，根据国家对乡村建设的战略导向需求，指明近期乡村建设在粮食安全、生态安全、社会关怀、城乡统筹、绿色发展、文化传承六个方面的建设发展路径和重点任务。

二、乡村建设的国内外研究动态

纵观全世界各个国家乡村发展建设历程，由于不同城镇化路径差异，尤其是城乡关系战略性调整的差异，产生了城镇化水平达到70%后的不同状态。

在以英国为代表的西方国家乡村发展历程中，乡村发展普遍经历了从农耕时期的稳定阶段，到因工业化对农业及乡村生产的挤压作用导致乡村快速萧条，之后通过国家宏观层面的政策调控及乡村经济复苏，乡村又重新具有吸引力，进入复兴阶段。这一乡村复兴过程大致可分为三个阶段：第一阶段，以追求农业高产为目标，通过高额农业补贴政策和国家土地整理政策促进乡村农业产业发展，乡村生活空间建设方面没有进行实质性的实践；第二阶段为公共服务设施完善阶段，通过新建村民住房和大量修建乡村基础设施提高乡村地区生活质量，缩小城乡差距，这也是乡村建设的初期阶段；第三阶段，随着城镇化水平进入稳定时期，城市人居GDP达到较高水平，乡村景观成为稀缺资源而具有独特的价值和吸引力，城市居民开始涌入乡村，促进了乡村产业转型与非农经济发展，乡村开始重视生态环境保护与历史村落肌理的延续，走向可持续发展而实现真正的乡村复兴。

在以墨西哥为代表的国家乡村发展历程中，在快速城市化打破乡村农耕期的稳定后，因陷入“中等收入陷阱”，虽然城镇化率达到较高水平，但国家整体经济发展水平较低，乡村贫困、城乡差距较大等问题持续存在，处于乡村萧条和乡村复兴相互重叠和交织的特殊时期。

从我国乡村建设发展历程来看，2002年十六大的召开标志着我国从“城乡分治”进入“城乡统筹”发展阶段，国家向乡村投入的建设资金明显增长。2002—2005年，是我国城乡统筹发展的起步阶段，农业、财税等政策出台。2006年，《中共中央国务院关于推进社会主义新农村建设的若干意见》提出了引导村庄空间发展、支持编制村庄规划和开展村庄治理的要求。此后，乡村建设相关研究成为建设领域关注的热点。以“千万工程”（2003）为代表、以社会主义新农村（2006）建设实践为导向的第一轮乡村建设，大力推动了乡村道路、饮用水安全、教育、卫生、文体等基础设施及服务设施建设。2009年，《关于大力推进新型城镇化的意见》中提出：“以新型农村社区建设为抓手，积极稳妥推进迁村并点，促进土地节约、资源共享，提高农村的基础设施和公共服务水平”，由此进入了以“新型农村社区”建设为标志的第二轮乡村建设热潮，主要围绕土地资源整合、公平高效配给公共服务设施、构建新城乡关系下的乡村居民点体系展开研究与实践。2013年，中央1号文件提出“美丽乡村”建设目标，明确进一步加强“农村生态建设、环境保护和综合整治工作……建立健全符合国情、规范有序、充满活力的乡村治理机制”，标志着我国进入第三轮以环境整治、风貌提升为主导的乡村建设热潮。2014年，《国家新型城镇化规划（2014—2020）》对农村规划的编制提出更高要求，特别强调“在尊重农民意愿的基础上，科学引导农村住宅和居民点建设”，促使乡村建设研究视角与引导机制从政府控制转变为政府引导与村民自治相结合，并形成以乡村旅游、乡村电子商务为主导的乡村转型模式，推动了乡村的复兴与发展。2017 年，党的十九大报告中进一步提出“实施乡村振兴战略”。2018 年初，中共中央国务院发布《关于实施乡村振兴战略的意见》，提出“产业兴旺、生态宜居、乡风文明、治理有效、生活富裕”的二十字指导思想，要求持续改善农村人居环境，以建设美丽宜居村庄为导向，实施农村人居环境整治三年行动计划，由此标志着乡村建设进入新的阶段。

（一）乡村人居环境发展动态

1. 城乡关系与城乡统筹

由于政策壁垒，我国长期以来处于“城乡二元”社会结构，“重城轻乡”发展思想造成了城乡之间远距离、长时间的人口迁移[1]，引发极大的社会问题。2008 年，《中华人民共和国城乡规划法》颁布，将乡规划、村庄规划纳入法定范畴。由此，打破城乡二元结构、缩小城乡差距、统筹城乡资源和公共服务、建立城乡和谐发展路径、构建新型城乡关系成为中国城乡统筹发展阶段的重要任务，也是我国学术界探讨乡村发展的主要语境。我国学者提出，随着社会财富的积累，政府的再分配能力相应提高，通过社会福利和社会救助改善落后乡村人居环境现状；促进有条件、有资源的乡村发展非农经济，提高乡村居民经济收入水平；创造中心城市市域内村镇非农发展的梯度结构，推动村镇人口从低非农发展水平村镇向高非农发展水平村镇流动的梯度迁移结构，构建完善的城乡体系促进城乡统筹发展目标[2]。

2. 乡村产业转型

西方发达国家先后经历了乡村产业转型过程，实现了乡村经济富裕。我国自改革开放以来，东西部经济发展差异巨大。东南沿海地区依托经济区位和资源优势，工农产品利润的巨大差异促使乡村重工轻农，形成了苏南模式、温州模式、广东模式和海南模式等，乡镇非农经济发展经历了短暂的繁荣。很快，这种“离土不离乡”、小而全的乡镇企业和农村民营企业自治发展模式面临产业单一、总体规模过小的困境，以及环境污染严重等问题，无法复制。产业开始向城市集中，推动了开发区建设和城市规模急剧增长，城市近郊乡村被迫城镇化，城乡矛盾日益突出[3-4]。针对这一问题，学术界探索了经济发达地区乡村“主动式”城镇化复兴策略，提出工农业结合、居住人口相对集中的发展模式[5]。西部乡村非农经济发展滞后于东南沿海地区，依然是城乡二元社会，非农就业有限，远距离外出务工人员比例高。近年来乡村旅游井喷式发展，学者结合实践研究提出了全域旅游、“一村一品”、农业乡村公园等发展策略，突出农业景观特色，保护并传承乡土文化。

3. 乡村居民点整理

在乡村居民点整理与重构方面，我国学者对 2004 年以来乡村集中居住点及 2009 年以来的新型农村社区建设进行实证研究，发现存在规划编制任务指向和操作性不足、基础设施不完善、中心村规模偏小、政策保障乏力等问题，尤其是“撤村并居”推行过程中出现的侵害农民土地权益、忽视村民意愿、破坏乡村风俗文化、阻碍庭院经济发展、上楼致贫等问题尤为突出。我国学者提出，以政府、部门、农民与开发机构为主的四类利益主体围绕土地流转成本与收益展开博弈，而非均衡博弈是导致村庄布局调整遭遇实践阻力的根本原因[6]。村镇撤并核心价值观应向人本主义和生态主义转变[7]，立足于城乡公平、城乡共生、空间共享的新型城乡关系合理撤并村庄。有学者针对平原地区提出生产生活方式变迁视角下的乡村居民点空间体系重构[8]；针对山地提出“精明收缩”理论下的乡村居民点集聚规划方法体[9]。并在这一过程中，提出需重视对地方文化与传统的保护，突出公共服务均等化，协调好当地在籍人口与外来人口的利益诉求，从改善建成环境、扶持产业经济和重构社会组织等多方面展开乡村居民点体系重构的理论研究和实践活动，促进农村生产、生活、生态的有机统一[10]。

4. 县域镇村体系重构

国外早在20世纪50年代提出了乡村聚落规模位序与规模关系的系统研究[11]。我国在20世纪80年代，南京大学将城镇体系规划理论总结为“三结构一网络”，成为延续至今的城镇体系主导理论。以此为基础，近年来，学术界针对镇村规模结构提出了Markov模型、分形理论模型、生态阈值法、土地人口承载力法、以及“人口—用地—经济”三方数学模型等定量、定性研究方法[12-13]。在公共服务设施体系方面，基于“规模效益”和“服务半径”，提出扁平化管理、网络化服务、均等化布局模式[14]；在镇村空间布局体系中，基于生活圈理论，借助GIS空间分析方法，建立泰森多边形村庄选址模型与村庄发展潜力评价体系，进行村庄布局[15]；建立乡村人居环境生态适宜性评价方法，细化生态网络格局，确定村庄分类发展策略[16]。着重针对乡村空间生产逻辑与乡村规划逻辑不匹配的问题，系统研究乡村规划和乡村自然空间生长机制与空间生产逻辑相吻合的镇村体系[17]。

5. 乡村灾后重建相关研究

中国是世界上遭受自然灾害最严重的国家之一，2008年汶川地震、2010年青海玉树地震、2013年四川雅安地震等重大自然灾害对震区村镇人居环境造成了毁灭性的破坏。由于我国乡村地区缺乏预防灾害的规划建设标准，巨大自然灾害面前村镇地区抗灾能力极差。灾后重建成为乡村建设面临的重要工作，国家相继出台了一系列针对村镇建筑抗震、防火等基本安全的技术规程、设计规范等。学术界也开展了广泛的研究，研究内容涉及村镇建设防灾策略与规划编制技术方法[18]、传统民居重建的可持续性研究、既有建筑资源再生利用途径[19]、灾后临时过渡性住房研究[20]、学校等服务设施建设等，并以大规模重建为契机，系统地研究了村落可持续建设、建筑地域性设计[21]、乡土营建方式[22]、被动式太阳能利用等绿色建筑技术应用等。

（二）乡村历史文化遗产保护与传承

国外在20世纪初，将乡村纳入国家遗产保护体系。我国在2003年以后，进入乡村历史文化遗产保护与研究的快速发展期[23]。2008年，我国科技部将历史文化村镇保护上升到了科技支撑计划项目的层面进行研究，重要性不言而喻。之后我国学者进行了深入研究，以乡村历史文化遗产为主体，研究从重点保护转向活态传承和地方复兴，保护方法从"分类保护"转向"整体保护"。

1. 乡土建筑文化遗产保护与传承

国外乡村历史建筑保护思想形成于20世纪，开始与乡村农业生产、自然生态环境统筹并进。我国清华大学陈志华教授于1989年率先展开了乡土建筑遗产保护研究，提出并实践了"以乡土聚落为单元的整体研究和整体保护"方法[24]。此后，大量学者从建筑单体保护、修缮及工程技艺保护与传承，转向聚落群体保护、周边环境保护。具体包括引入"文化地理学理论"系统性开展了传统民居研究[25]；基于建成环境整体性保护逻辑，提出了血缘性风土组织下的历史村镇建筑保护修复策略，以"风土组织—空间形制"合一的视角重新审视历史村镇建筑保护的各个流程[26]，并在保护政策、管理途径、可持续发展等方面注重挖掘乡村历史建筑在现代生活中的应用价值。

2. 历史文化村镇、传统村落保护与更新

历史文化村镇、传统村落保护与更新是近年来学术界研究的热点。我国"十一五"期间的科技支撑计划项目推动了历史文化村镇保护的相关研究，研究成果包括历史文化村镇综合评价体系，历史文化村镇保护规划标准，全国历史文化名镇名村保护数据库和动态监测软件体系，历史文化资源开发的环境影响预测与评价等。同时，针对我国不同文化及地域环境下形成的历史聚落，我国学者先后提出"自然—人—古村落"整体保护策略，"安全—景观—保护"三者协调的保护策略，并引入"遗产动力学"概念，提出保护与活化的合理模式等[27]。在方法上，运用GIS及WebGIS网络平台进行数据采集和分析，引入区域保护与"拟合"理念形成保护技术等，促进乡村"自然和历史价值长期存续"及村庄的可持续发展[28]。此外，有学者提出"非典型古村落"保护与复兴对策[29]，文化遗产区域性整体保护视角下的"城乡历史文化聚落"等[30]，丰富了乡村历史文化遗产的保护体系。

（三）乡村地域建筑及其营建技术

20世纪30年代，以营造学社为组织的一批学者对我国典型民宅进行了调查，直至80年代完成了以测绘调查和形态描摹为主的乡村地域建筑区域特点研究。之后开始从单体研究转向群体研究，从对"历史遗存"的考辨转向对"现实环境"的分析[31]。近年来，学界开始跨学科、多视角研究乡村地域建筑及其营建技术。

1. 乡村地域建筑特征及分类

20 世纪 60 年代已经关注乡土地域建筑，有鲁道夫斯基的《没有建筑师的建筑》、原广司《集落的启示 100》和拉普卜《住屋形式与文化》等著作成果。作为基础理论研究，我国早期的乡村地域建筑主要是由行政区划和人文区划来进行分类。2000 年，常青基于我国文化风习和环境气候地域差异，以“语缘”的地理分布为背景，提出“风土建筑”概念，对乡村地域建筑进行分类研究[32]，2013 年进一步研究了风土建筑谱系[33]。近年来，跨学科的研究方法成为趋势，结合社会学、人文地理学、传播学、生态学等，思考乡村地域建筑与自然、社会、文化等之间的关系[34]，研究其营建、变迁的差异与成因[35]。

2. 乡土建筑营建策略与技艺

我国乡村建筑营建的研究工作起步较晚，随着新型城镇化的推进，大量乡村建设暴露出本土文化缺失、土地浪费、能源消耗大等问题。传统乡村建筑是由村民自发建造，其营建策略和建造技艺立足于本土材料、气候、生态环境、地理环境、人力等，其产生和传承具有“经验”的特征，体现在乡村建筑营建的组织方式、生态、经济、地域文化等几个层面。目前，学术界主要针对地域文化经验和生态建筑经验两个方向展开研究，运用类型学研究方法，依据地理气候因素、文化风俗因素，归纳乡村建筑演化过程中建筑建造类型及特点，提炼乡村建筑传统营建技艺、气候调节技术原型等[36, 37]。

3. 乡村建筑传统建造技术改良

20 世纪 80 年代，弗兰普顿提出“批判的地域主义”，强调建构（Tectonic）要素的使用，实现基于地域文化特征和采用适宜技术的建造[38]。近年来随着我国新农村建设、灾后重建等实践探索，学术界对于乡村建筑在现代技术条件下的发展研究逐渐增多。国内学者提出通过借鉴传统乡土建筑营建经验，结合现代科学技术，实现乡土技术及其向科学体系的转化，研究内容主要包括地方材料和传统构造做法的更新与演进、地域文化与现代建筑技术的结合、传统民居建筑抗震性能优化、生态节能经验科学化等[39, 40]。

4. 乡村建筑空间功能优化策略

随着经济转型，农村生活方式、家庭结构的改变，当前乡村住宅建筑功能无法适应现代化生活需求。早期对乡村住宅功能演进规律的研究，是从农村的家庭结构和生活习惯及需求出发，提出本土乡村居住建筑户型与内部空间配置，倾向于建筑面积的量化、内部空间尺度以及基础设施配套的研究，满足基本生活需求。近年研究内容逐渐转向建筑空间品质的提升，从地域气候环境出发，结合绿色建筑技术和地域文化特点，提出本土特色的户型模式，优化功能空间的物理环境，提升空间舒适度、降低能耗[41]，以增设阳光间为代表，在太阳能富集地区的农宅建设中取得良好效果，并在乡村中自发推广[42]。

（四）乡村绿色建筑技术优化

在乡村绿色建筑技术优化方面，针对我国量大面广、品质低、能耗高的乡村建筑，以及乡村低能耗、低技术、低成本的建设要求和发展趋势，学界研究了适宜乡村建筑的绿色技术及既有农宅绿色性能优化方法，主要包括以下几部分研究成果。

1. 被动式建筑技术

20 世纪 50 年代，被动式建筑技术被正式提出，德国 1988 年提出被动房（Passive House），并逐渐成为西方国家主流的建筑节能技术[43]。近二十年来，国内学者针对乡村民居中所蕴含的生态经验进行了科学化与技术化研究。1999 年西安建筑科技大学实践了新型窑洞自然通风、采光等被动式技术；2007 年刘加平院士提出了太阳能富集地区乡村民居被动式太阳能利用技术[44]；国内学者陆续对乡村建筑的朝向选择、体形系数、外立面设计、通风降温、太阳能利用和维护结构保温等被动式技术进行了研究，利用 Dest、DOE、Energyplus 等模拟工具进行分析和评价。综合研究技术，杨柳建立了室外气候条件与热舒适区的关系，建立了不同被动式设计方法的边界气候条件[45]。

2. 低能耗建筑设计

20 世纪 70 年代，西方国家提出了低能耗建筑概念。德国在低能耗建筑基础上进一步提出了微能耗和零能耗建筑，从 2002 年到 2009 年三次修订《建筑节能条例》，不断降低建筑能耗、提高能效[46]。在我国，低能耗、低技术、低成本是现阶段村镇住宅的建设要求和发展趋势。2013 年，住房和城乡建设部印发了《农村居住建筑节能设计标准》，引导乡村建筑节能的健康发展。我国学者针对北方严寒地区，哈尔滨工业大学通过研究影响民居采暖能耗的因素，得到了采暖能耗最优的设计因素组合模式[47]；针对南方湿热地区，华南理工大学通过现场实测及计算机模拟分析，利用立面遮阳、自然通风调节、围护结构隔热等设计模式，优化了农村住宅室内热环境，降低制冷能耗[48]。

3. 建筑物理环境调控技术

西方建筑物理学科形成于 20 世纪 30 年代，50 年代由苏联传入我国。近年来，我国学术界逐步开展了适应乡村自然条件和社会发展特点的建筑物理环境研究，针对冬季保温为主的严寒和寒冷地区，以及夏季防热、防潮为主的夏热冬暖地区，根据农村住房热舒适性环境的实际需求，研究包括人体热舒适标准、能耗指标、围护结构热工性能、民居建筑物理环境分析评价与节能改造以及室内空气品质等[49, 50]。

4. 建筑抗震性能优化技术

针对乡村低层建筑抗震，日本开发了“局部浮力”抗震系统和基础隔震技术[51]，台湾采用轻钢结构体系进行震后乡村重建。我国从 20 世纪 70 年代开始了建筑抗震技术研究，到 21 世纪逐渐完善了工业与民用建筑的抗震设计、鉴定标准及加固规程等研究。2008 年汶川地震后，住房和城乡建设部发布了《镇（乡）村建筑抗震技术规程》，针对农村地区房屋抗震构造措施、施工要求进行了规定。目前学界主要对灾后民居重建、结构抗震设计、传统民居抗震改造、服务设施重建、抗震设防评价体系以及绿色防灾设计等抗震性能优化技术进行了研究，并开展了系列示范项目[52, 53]。

（五）乡村营造与乡村治理

1. 乡村营造

我国台湾早在20世纪20年代就开始了乡村“社区营造”[54]，2008年通过“乡村再生计划”构建了与乡村社会经济文化相适应的乡村复兴技术路径。近年来，由建筑师、规划师等相关专业人员开展了“新民居”实践，是在大量资金投入下的精品设计，无法在乡土环境中得到真正推广。随着乡村建设活动的不断深入，探索了“五山模式”“碧山计划”“无止桥”“土成木寸”等实践方式[55]，提出“双向适应”规划新模型[56]、参与式乡村营造设计[54]、建筑师角色由“设计主导型”到“联络引导型”转变[57]等理念。同时，乡村营造的复杂性，也迫使外来的建筑师、规划师们不仅仅是考虑如何去设计，还尝试整合从投资到设计到生产到推广的一系列环节。此外，在乡村营造的过程中，越来越意识到从经济社会角度关注乡村人居环境的营建方法，挖掘乡村复兴的深层动力[58]。

2. 乡村治理

德国在乡村更新过程中，制定了明确细致的公众参与方式和流程，加强了社区政府、专业机构、专业协会和村民间的沟通与交流[59]。日本的“造村运动”和韩国“新村运动”推动了乡村多元力量共同建设乡村[60]。我国学者提出无论是乡村规划还是治理，融入多元主体应该凝聚为一条基本原则。政府从管理者向服务者的角色转变，对于村容整治和村居建设，在政府提供引导监管的情况下，充分调动村民积极性，回归其私人产品的特性。而对于基础设施和公共服务设施，政府则应加大投入，公平高效配置农村公共产品，强化其服务职能[61]。同时，强化农民实体，避免市场与社会参与力量的错位或越位等，致力于地方基层治理向政府管治、公司化管理、NGO、村民自治等多元治理模式和多元治理结构的转型[62]。

三、关键科学和技术问题分析

（一）转型期乡村动态过程规划原理与方法

当前的中国社会正处在全方位转型的关键时期。就乡村而言，主要面对以下四个方面转型带来的空间需求变化：一是城乡关系转型，现阶段及未来一定时期将处于城乡统筹发展的转型过渡阶段，促进城乡空间的融合和联动；二是农业生产方式转型，在现代农业发展带来的规模化生产、机械化作业等技术变革之下，农业所需劳动人口大量减少，乡村基本生产、生活单元规模随之转变；三是乡村产业结构转型，在乡村小微企业、乡村旅游、电子商务等经济发展背景下，乡村非农经济比例大幅提升，由此带来不同生产类型空间需求的此消彼长；四是乡村生活方式转型，伴随乡村经济水平提升与现代化、信息化的普及，对乡村居住空间布局体系、交通网络体系、生活服务基础设施配套体系等提出新的发展要求。

在这些转型期乡村发展特征下，应当看到，乡村建设发展需面对一个动态变化的过程，是由传统农业社会的旧稳态到最终城乡关系均衡的新稳态发展变化的过程。因此，在这一阶段，我们需要解决的关键问题在于构建一套乡村动态过程规划原理与方法。在对乡村空间建构逻辑的基本要素（不变因素）的梳理之下，从产业—结构模式、人口—预测方法、空间—匹配模式、公服—配套模式等方面进行动态过程规划的技术突破。以此为基础，形成面向长远乡村建设的规划原理、方法、技术与编制体系，引导乡村可持续发展。

（二）乡村既有建筑环境品质提升技术

2011 年起，国家相继出台了针对农村危房改造问题的相关支持政策。各地方在中央政策导向下，开展了大量的实际建设工作。然而，农村危房只是乡村数量巨大的既有建筑空间中的一小部分。20 世纪 90 年代以后建设的乡村建筑，普遍存在性能差、品质低、功能无法满足现代生活需求的问题。然而，由于建筑质量尚可满足基本使用需求，无需也不宜全面拆除重建，因此，对乡村既有建筑环境进行渐进式更新、品质提升的研究亟待展开。

乡村建筑营建追求经济、适用、美观、绿色的层级递进关系。在当前乡村人口流失的整体趋势下，户均人口不断减少，大量既有居住建筑空间闲置，而现代生活需求的新功能空间却有缺失，空间使用的效率较低。因此，既有居住建筑功能空间效率提升方法是首要技术难点。其次，乡村建筑在建造之初，囿于经济造价和对建筑绿色性能认识的限制，往往从建筑空间设计到围护结构材料等的绿色性能考虑严重缺失，使得建筑在后期使用中，存在建筑能耗高而舒适度低的弊病。突破既有居住建筑绿色性能优化技术，研发“低成本、易推广、优性能”的乡村既有建筑绿色性能提升技术体系，为农村居民节省能源消费、对我国实现能耗较低目标都极为关键。最后，乡村建筑有其固有的传统营建技术体系，也是我国重要的乡土文化资源，为避免重蹈城市建设“千城一面”的覆辙，在对既有乡村建筑的更新改造中，应强化其文化特征，在各地区展开富含地域文化特色的乡土营建模式与技术体系研究。

（三）地域新民居建筑模式与绿色营建技术

我国地域辽阔、气候多样、民族众多，在多样的环境和文化背景下，形成了各具特色的地域民居建筑。千百年来凝聚的民族聚落营建智慧，无疑需要继承和发展。

当前传统建筑绿色营建技术储备还不够系统，在空间组织、技术构造、工程建构上缺少图集等实物资料借鉴，已有可供建筑师借鉴选择的设计部品、构造缺少地域性材料做支撑，而同时已有少量对传统建筑营造经验的提取性研究成果，又缺少现代工业体系支撑而难以推广应用。针对这一问题，传统民居绿色营建经验的科学机理及其现代应用无疑是技术链条中的基础关键环节。同时，现代通用绿色建筑技术体系从建筑空间、结构、形式、材料、构造、部品等全方面推进了我国地域建筑发展进步，但同时也严重冲击着我国地域建筑文化。基于以上关键问题，结合我国各地域典型气候环境、文化背景和乡村人口的集聚程度差异，应主要突破传统民居绿色营建经验的科学机理及其现代应用、现代绿色建筑技术本土化、地域宜居民居建筑类型与模式等技术难点。

（四）空废村落绿色消解与再利用模式

2011—2016年，我国行政村数量减少了两万个，平均每天消失十一个行政村。伴随着城镇化水平的不断提高，到2030年，我国将约有二亿人口从农村转移到城镇，这意味着将有约五千万个农村宅院面临空废问题。自20世纪90年代起，相关学者就对“空心村”进行了学术探讨。近年来，我国学者从乡村规划建设角度对撤村并居、乡村居民点布局、乡村空间转型等展开研究，并对空心村现象的研究扩大到空废院落、空废公共空间及空废生产性空间等。随着乡村人口持续减少，乡村人居建成环境紧凑发展，空废乡村建成环境将占据并浪费大量资源。而当前对待空废村落环境的方式较为单一，主要为“推平重建”“推平复垦”等，缺少分地域、分条件、分类型的处理方式。因此，对空废村落的研究应从对现象的剖析，深入至其背后的动力机制，再转而提升至对其绿色消解与转型利用。针对这一关键科学问题，需从空废村落绿色消解的系统结构、空废村落绿色消解的途径体系、空废村落绿色消解的动力机制及空废村落“3R”技术体系等方面进行突破。

（五）地域民居建筑文化遗产保护与传承

地域民居建筑是形成乡村地域特色的重要组成部分。而在现行的保护体系中，仅有被列为文物保护单位的官式或近官式建筑和少量民居建筑得到自上而下的资金投入和制度保护，而大量具有地域特色的民居建筑正在城镇化的进程中渐渐消失。因此，乡村地域民居建筑文化遗产保护与传承的研究对我国文化遗产保护和提升地域风貌特色的意义重大。既有研究在这一领域有较好的持续性，由对物质空间保护技术的关注，逐渐转向保护规范、法规等制度建立层面。

地域民居建筑量大面广，大多数没有法定的保护身份，整体面临着自上而下保护的缺失和自下而上保护的动力不足的问题。同时，不同于官式建筑，地域民居建筑是乡村居民生活的场所，其建筑的形式和装饰也将随着乡村居民生活方式的改变而不断更新。当前，在展开这一关键问题研究时，首先应建立乡村地域民居建筑文化遗产的“活化”保护机制，并从地域民居建筑文化的原型凝练与元素提取、地域民居建筑新材料、部品、构件与工法研发、地域民居建筑文化传承模式等技术方面进行完善。

四、发展路径与重点任务

（一）粮食安全战略需求下的乡村建设发展方向

粮食生产是安天下、稳民心的战略产业。美国、欧盟、日本等为稳定农产品供给、扶持乡村发展对农业持续支付巨额的补贴。自 2007 年，我国提出坚守十八亿亩耕地红线以来，城乡建设用地快速扩张与耕地锐减成为城乡建设领域中的首要矛盾。为解决这一矛盾，出现了一系列围绕城乡用地增减挂钩、乡村规划与土地管理、乡村居民点整理、“空心村”与乡村建设用地复垦、村民集中居住空间模式研究等热点内容，体现出粮食安全战略需求下乡村建设的发展方向。

“十三五”规划进一步强调了“坚持最严格的耕地保护制度，坚守耕地红线”要求。近十年，我国粮食供给总量中进口比重逐渐增大，开始明显突破 95% 的粮食自给保障线。耕地红线已经退无可退，除了严防死守别无选择。回应国家粮食安全战略确定的耕地红线，乡村建设也就有了“底线”。由此明确粮食安全战略需求下的发展路径：①十八亿亩基本农田红线安全保障下与乡村劳动力资源需求保障下的乡村规划、建设体系研究；②现代农业生产转型需求下的乡村规划、建设体系应变研究。具体来讲，农业人口的最低保有量为动态变化过程中的乡村建设与面向稳态的乡村发展提供了基准，并为乡村建设延伸出以下研究任务：①乡村农业生产人口规模动态预测；②集约化转型期镇村体系空间布局匹配模式。

（二）生态安全战略需求下的乡村建设发展方向

我国在 2000 年发布的《全国生态环境保护纲要》中，第一次提出了“维护国家生态环境安全”的目标。2014 年，中央国家安全委员会明确将生态安全纳入国家安全体系，生态安全由此正式成为国家安全的重要组成部分。2015 年，中共中央、国务院出台了《生态文明体制改革总体方案》，将国家生态安全工作纳入国民经济和社会发展规划。近年来，“生态”作为高频关键词出现在乡村建设领域的研究成果中。

乡村是维护国家生态安全战略的重要地区，尤其是地处生态脆弱地区的乡村，生态安全高于粮食生产以及经济发展。因此，这些地区的乡村建设应服从于国家生态安全需求，国家应扶持生态脆弱地区乡村的建设发展，以保障有足够的农村劳动力人口持续支撑生态安全工程，并为留守生态脆弱、环境恶劣地区的乡村居民建设现代居住空间环境。由此衍生出生态安全战略下建设发展路径核心需求：①生态脆弱地区乡村规划原理与方法研究；②乡村生态景观保护、生态脆弱地区建筑营建模式与策略研究；③灾害频发地区乡村人居环境可持续发展研究。具体重点研究任务还包括：①空废村庄绿色消解模式；②空废环境生态转化技术体系；③极端气候区建筑营建模式、技术与策略；④乡村基础设施低影响开发模式等。

（三）社会关怀战略需求下的乡村建设发展方向

社会公平是中国特色社会治理的核心诉求，是保障社会稳定、经济高速发展的前提，党的十八大报告阐释了社会主义公平观为“权利公平、机会公平、规则公平”。2012 年，中国居民收入分配的基尼系数已经达到 0.474，超过国际社会公认的警戒线。以社会公平为主的社会关怀已经引起社会各界的广泛关注。近年来，城乡一体化、乡村道路交通网络化、公共交通普及化、公共服务设施配置均等化等研究及实践，表明了社会关怀战略需求下的乡村建设发展方向。

我国幅员辽阔，地区发展条件存在较大差异，改革开放后三十年经济快速发展加剧了城乡之间、东西部之间的经济发展差距，城镇化进一步拉大了不同乡村的区位差异，并造成了村级经济之间的发展差异。2018 年中共中央、国务院《关于实施乡村振兴战略的意见中》提出未来乡村建设的三个发展阶段：到 2020 年“农村基础设施建设深入推进，农村人居环境明显改善，美丽宜居乡村建设扎实推进”；到 2035 年“城乡基本公共服务均等化基本实现”；到 2050 年，“乡村全面振兴，农业强、农村美、农民富全面实现”。随着国民经济发展水平的不断提升与国民财富的积累，政府的再分配能力相应提高，资源匮乏、经济落后的乡村地区，尤其是支撑着我国粮食安全战略和生态安全战略的乡村地区，应享有与城市居民以及经济发达地区乡村村民同样的生存权利和发展机会，其乡村建设发展应该得到相应的社会关怀，激活其资源禀赋，提高生产生活品质。

综上，这一方向下形成的研究任务有：①不同地域经济环境下的乡村公共设施配套模式；②欠发达地区乡村居民点保障体系；③乡村灾后重建技术体系。

（四）城乡统筹战略需求下的乡村建设发展方向

以十六大为标志，城乡统筹上升为国家发展战略，打破城乡二元结构、构建新型城乡关系，建立以工促农、以城带乡，城乡经济与社会和谐发展的总体目标成为城乡建设的宏观背景。近年来，城乡统筹、城乡关系、城乡一体化是持续关注的热点，并呈现出明显的发展趋势，成为乡村建设最迫切、最重要的发展路径依托。

城乡统筹战略背景下，乡村的发展与城市越来越互为依存关系，尤其是与城市保持紧密的交通、信息联系的乡村地区，是城乡联动发展的关键区域。对于东部发达地区，可以实现城乡全域从产业到社会的纵向一体化；对于欠发达地区，城乡联动发展的关键区域集中在大都市区及周边区域；对于远离大城市的广大欠发达乡村地区，主要从城乡统筹战略下以县域为空间单元，合理组织城—镇—村体系关系。城乡统筹首先需要打通城乡之间的流通壁垒，使城市的人才和资金可以进入乡村，也使得乡村的资源可以进入城市。在此基础上，实现城乡之间产业及空间功能的联动。

综上，这一方向下形成的重点研究任务以“城乡统筹下的乡村产业体系转型”为核心驱动力，具体包括：①面向现代乡村产业转型的乡村基础公共服务体系化；②城乡联动的保障性居住空间布局优化；③土地高效利用的城乡规划与管理策略；④城市产业辐射区乡村规划与建设策略。

（五）绿色发展战略需求下的乡村建设发展方向

2013 年，我国工信部、住建部联合发布开展绿色农房建设的通知，要求推广绿色农房建设的方法和技术。十八大提出坚持节约资源和保护环境的基本国策，绿色发展、循环发展、低碳发展逐渐渗入到城乡建设领域。从国外及我国近年来研究热点变化看，乡村绿色建筑越来越受到关注，国外出现了气候变化下节能建筑、低碳建筑技术研究；国内研究主要集中于“绿色建筑技术优化”，包括严寒地区建筑热环境、自然通风、自然采光、被动式太阳能利用等。2014 年，中国建筑节能年度发展研究报告显示，我国农村住宅建筑面积约为 238 亿平方米，占全国建筑总面积的 46.7%，而其能耗约占建筑总能耗的 24.8%。在最小的能源消耗下提升寒冷地区农村住宅热舒适性是乡村绿色建筑研究的重点。

“十三五”规划进一步强调了“绿色发展理念”，对既有大量民宅建筑提出了绿色性能提升、居住品质改善的总体要求。这一方面需要通过传统民居建筑与当代新技术结合，实现对单体建筑室内环境的改善；另一方面，从乡村整体布局着手，形成适应微气候环境的村落布局模式，实现节地节能、提高热舒适度的目标。中国传统村落布局与建筑营建方法中，蕴含了诸多值得借鉴的绿色智慧，在当前的绿色发展战略下，需要进行深入的挖掘和现代应用转化。

由此，绿色发展战略需求下的乡村建设将凝练出以下重点研究任务：①传统村落及传统民居建筑绿色营建智慧挖掘与传承；②既有乡村建筑绿色性能提升技术体系；③响应气候环境的聚落空间布局及民居设计新方法等。

（六）文化传承战略需求下的乡村建设发展方向

从近年来乡村研究发表文献可以看出，“乡村文化遗产保护与发展”“村落遗产保护与传承”是持续关注的热点内容，其研究主要集中在古村落、传统村落、传统民居、历史文化名镇名村的保护与利用。

中国文化是在乡土文化滋养中成熟、发展的，十七大提出了弘扬传统文化的要求，传承乡村文化关系着我国传统文化遗存传承与未来可持续发展。新型城镇化背景下，大量村庄将随着农村人口的减少而消亡，但具有传统文化价值的村落应作为我国传统文化的重要脉络连同物质载体空间代代传承。2003 年我国开始评选中国历史文化名镇名村，2012 年开展传统村落普查，到 2016 年已评选出六批中国历史文化名村共 276 个村落，以及四批共 4153 个传统村落。随着评选和普查工作的继续，将有越来越多的历史文化名村、传统村落进入乡村历史文化遗产保护体系而受到关注。综上，文化传承战略需求下的乡村建设围绕保护与更新的发展矛盾焦点将凝练出以下重点研究任务：①历史文化乡村聚落传承策略与资源共享模式；②基于文化传承的传统民居更新方法；③建立不同地域民居建筑新材料、部品、构件与工法系统数据库。

五、政策和措施建议

（1）强化国家政策的战略引导性，淡化国家政策的政治任务性

中国地域辽阔、气候多样、自然与区位分差明显、地区经济发展不平衡，不同地域乡村建设必须走适合自己的发展道路，因此我们应强化国家政策的战略引导性，淡化国家政策的政治任务性。

国家层面的政策重心，在于制定中国乡村中长期发展战略规划，明确各发展阶段的目标、理念、路径和策略，强调政策的宏观战略引导性、行政建议性而非指令性，强调政策的科学性、准确性、长效性和体系性，避免引起盲目投入浪费和“运动性”建设现象。

（2）强化地方政策的科学研究，提升地方行政措施的绩效

东部地区经济发达，城镇化水平高，城乡一体化程度强，乡村发展动力足，推进城乡一体化发展和既有居住建筑环境品质提升成为主要问题。西部地区地广人稀，经济落后，生态脆弱，城镇化水平低，优势人口流失，生态保护和脱贫安居成为乡村建设的主要问题。

全国应深入研究不同类型地区乡村建设发展目标，从国家整体利益出发开展全面深入研究，建立中国乡村发展战略体系。以此为据，聚集地方高水平智库，强化地方乡村发展战略科学研究，提出各地区目标体系、发展路径和政策措施，建立科学的层级运行机制和体制，从而提升地方各级政府的行政绩效，避免形式主义建设发展。

（3）强化乡村内在自主能动性和模式引导性，淡化外部援建任务模式

充分依循和利用乡村演变的基本规律，秉承“政府宏观引导、自主能动发展”的原则，因地制宜、分类分策、科学有序地推进地区乡村建设发展。乡村建设发展内因是主体，外因是辅助，包括贫穷落后的西部乡村地区。因此，建议国家和地方的各类乡村建设政策措施，要切实强调政策的引导性和培育性，助力乡村自强、自立，避免简单输血式和给予式。外部援建简单直接有效，但成本高且对地方群众的长效效应较小，绩效不高。

传统乡村的建筑文化和风貌特色是自然衍生出来的，并不是设计出来的。乡村的建筑风貌复兴，根本在于农民文化需求的真正回归，乡村各类风貌规划和美化建设往往来自外因，很难真正起到作用。

（4）创新地方性乡建技术模式，切实推进技术规程的科学性和适用性

乡村建设以民居为主体，以家庭为基本单位，具有自发、自主、随机性强等特征，呈

现自下而上的规律，基本不受建设管理体系的约束，也不对接现行的乡村建设技术标准体系。换句话讲，也就是乡村建设的技术标准与农民建房的关联性较弱，适用性有限，因此，迫切需要创新一套切实有效的地方乡村建设技术模式和技术标准体系。

乡村以低层建筑为主，有就地取材、适应气候、低成本、易施工的基本需求，乡建技术规程和标准一定要多元化、地方化、实用化，许多传统营建材料、工法均应科学化并建立起来，许多规范在乡村要有灵活性和科学性。同时，现代建筑营建体系的地方本土化和技术标准化也需要重点加强。

（5）全面推进乡村广义资源数据库建设、发展与利用

信息技术日新月异，数字技术工具和分析方法，已引起了建设行业的巨变。针对城市规划建设领域，大数据的应用已经取得了快速发展，而在乡村规划领域，由于数据广度和获取难度，理论探索和技术实践都尚待展开。然而，乡村建设发展因其多样复杂性反而更加需要信息数据的动态支持，支持政策研究，支持政策落实，保障政策措施的基础科学性。由此可见，全面推进乡村广义资源数据库的建设已成基本需求。

乡村广义资源数据库应当包括乡村的自然生态环境数据、社会经济数据及乡村建设数据。数据库的建设不是一次性的工作，而要维持动态更新，并具备一定的共享性、公开性和可视性。

六、发展趋势与展望

我国广大乡村地区将经历相当长时间的转型变动。乡村建设行为必然受到城市外溢产业经济的强烈冲击，乡村建设新老矛盾错综复杂，相互叠压，使得当前乡村建设研究任务较为急迫繁杂。

首先，乡村发展变革虽然迅猛，但在经济产业格局逐渐清晰、稳定而走向成熟的过程中，相当长时间内，将仍然受到农业产业资源分配的固有规律约束。因此，适应乡村发展内在规律，研发规划原理、方法，创新实践模式，将成为影响乡村建设行为的核心内容。在具体技术路线上必然要求探寻更为综合、宏观、长效的基本规律。

其次，当前转型期的矛盾同时作用在新、老两方面，既有建筑更新、空废乡村利用与新建设模式研发并重，任务复杂艰巨，但仍应以乡村建设营建技术规律为核心评价逻辑，探寻符合乡村适宜性民居建筑本体的研究技术道路。

最后，面对城乡统筹机遇，在宏观乡村建设规划方面，研究重点应以摆脱“外部输血的植入模式”为主要需求，在政策研究方面应以激发、引导可持续的自主造血机制为导向，使示范创新建设模式逐渐回归乡村本体。在文化传承中应以激活乡村资源禀赋为核心，探究积极保护的方法与技术体系支撑。

参考文献

[1] 陶然，徐志刚．城市化，农地制度与迁移人口社会保障［J］．2005（12）：45-56.

[2] 朱介鸣，裴新生，刘洋．中国城乡统筹规划的宏观分析——城乡均衡发展的挑战和村镇开发转移的机会［J］．城市规划学刊，2016（6）：13-21.

[3] 朱介鸣．城乡统筹发展：城市整体规划与乡村自治发展［J］．城市规划学刊，2013（1）：10-17.

[4] 朱介鸣．乡镇在城乡统筹发展规划中的地位和功能：基于案例的分析［J］．城市规划学刊，2015（1）：32-38.

[5] 钱悦斐，杨新海．苏南乡村地区"主动式"城镇化复兴之路——以无锡市锡北镇斗山地区为例［J］．现代城市研究，2015（11）：105-112.

[6] 孙洁，朱喜钢．村庄布点调整中的多元利益博弈——以马鞍山市博望镇为例［J］．现代城市研究，2014（4）：10-15.

[7] 洪亘伟，刘志强．村镇聚居空间撤并特征及优化趋势研究——以2000年以来的苏锡常地区［J］．城市规划，2016（7）：81-85.

[8] 邵帅，郝晋伟，刘科伟，等．生产生活方式变迁视角下的城乡居民点体系空间格局重构研究——框架建构与华县实证［J］．城市发展研究，2016（05）：84-92.

[9] 周洋岑，罗震东，耿磊．基于"精明收缩"的山地乡村居民点集聚规划［J］．规划师，2016（6）：86-91.

[10] 王伟强，丁国胜．新乡村建设与规划师的职责——基于广西百色华润希望小镇乡村建设实验的思考［J］．城市规划，2016，40（4）：27-32.

[11] Sonis M，Grossman D. A reinterpretation of the rank-size rule：examples from England and the Land of Israel［J］. Geography Research Forum（S0333-5275），1989（9）：66-109.

[12] 郭汝，邢燕．中国小城镇合理规模探讨：以湖北省武汉市柏泉镇为例［J］．中国人口·资源与环境，2011，21（1）：38-42.

[13] 郭汝，高成全．合理镇村体系规模结构问题探析——以湖北省武汉市柏泉镇、河南省兰考县爪营乡及河南省新县箭厂河乡为例［J］．现代城市研究，2016（11）：109-116.

[14] 田雄，曹锦清．县域科层组织规则与农村网格化管理悖论——以长三角北翼江县为例［J］．现代城市研究，2016（10）：38-45.

[15] 周鑫鑫，王培震，杨帆，等．生活圈理论视角下的村庄布局规划思路与实践［J］．规划师，2016，32（4）：114-119.

[16] 彭震伟，王云才，高璟．生态敏感地区的村庄发展策略与规划研究［J］．城市规划学刊，2013（3）：7-14.

[17] 雷振东．整合与重构：关中乡村聚落转型研究［M］．南京：东南大学出版社，2009.

[18] 罗志刚，胡蓉．都江堰农村灾后重建的基本模式［J］．城市规划学刊，2010（3）：68-74.

[19] 成辉，胡冗冗，刘加平，等．灾后重建乡村建筑的生态化探索与实践［J］．建筑学报，2009（10）：86-89.

[20] 倪锋，张悦，薛亮，等．汶川地震灾后农村自建临时过渡住房案例调研［J］．建筑学报，2010（9）：125-130.

[21] 李桦，宋兵，张文丽，等．藏式民居灾后重建设计研究［J］．建筑学报，2011（4）：01-06.

[22] 赵紫伶．灾后重建的营建模式探究［J］．新建筑，2008（4）：57-60.

[23] 杨辰，周俭．乡村文化遗产保护开发的历程、方法与实践——基于中法经验的比较［J］．城市规划学刊，2016（6）：109-116.

[24] 陈志华，李秋香．乡土建筑遗产保护［M］．合肥：黄山书社，2008.

［25］曾艳，陶金，贺大东，等．开展传统民居文化地理研究［J］．南方建筑，2013（1）：83–87.
［26］徐辉，张兴国．风土组织与形制修复——风土组织文化视角下历史村镇建筑保护实践策略解析［J］．现代城市研究，2016（10）：102–107.
［27］王琼，季宏，陈进国．乡村保护与活化的动力学研究——基于3个福建村落保护与活化模式的探讨［J］．建筑学报，2017（1）：108–112.
［28］戴彦，赵万民．基于"拟合"理念的巴蜀古镇区域保护［J］．城市发展研究，2009，16（12）：108–113，117.
［29］吴晓庆，张京祥，罗震东．城市边缘区"非典型古村落"保护与复兴的困境及对策探讨——以南京市江宁区窦村古村为例［J］．现代城市研究，2015（5）：99–106.
［30］张兵．城乡历史文化聚落——文化遗产区域整体保护的新类型［J］．城市规划学刊，2015（6）：5–11.
［31］李晓峰．乡土建筑——跨学科研究理论与方法［M］．北京：中国建筑工业出版社，2005.
［32］常青．风土建筑保护与发展中的几个问题［J］．时代建筑，2000（3）：25–27.
［33］常青．风土观与建筑本土化风土建筑谱系研究纲要［J］．时代建筑，2013（3）：10–15.
［34］崔文河，王军，于杨．资源气候导向下传统民居建筑类型考察与分析［J］．南方建筑，2013（3）：30–34.
［35］孟祥武，王军，叶明晖，等．多元文化交错区传统民居建筑研究思辨［J］．建筑学报，2016（2）：70–73.
［36］赵群，周伟，刘加平．中国传统民居中的生态建筑经验刍议［J］．新建筑，2005（4）：9–11.
［37］王冬．乡土建筑的技术范式及其转换［J］．建筑学报，2003（12）：26–27.
［38］亚历山大·楚尼斯，利亚纳·勒费夫尔．批判性地域主义：全球化世界中的建筑及其特性［M］．北京：中国建筑工业出版社，2007.
［39］王竹，范理扬，王玲．"后传统"视野下的地域营建体系［J］．时代建筑，2008（2）：28–31.
［40］魏秦．地区人居环境营建体系的理论方法与实践［M］．北京：中国建筑工业出版社，2013.
［41］谭良斌．传统民居聚落的生态再生和规划研究［J］．规划师，2005（10）：22–24.
［42］崔文河，王军，岳邦瑞，等．多民族聚居地区传统民居更新模式研究——以青海河湟地区庄廓民居为例［J］．建筑学报，2012（11）：83–87.
［43］宋晔皓．中国本土绿色建筑设计发展之辨［J］．新建筑，2013（4）：5–7，4.
［44］杨柳，刘加平．利用被动式太阳能改善窑居建筑室内热环境［J］．太阳能学报，2003（5）：605–610.
［45］杨柳．建筑气候学［M］．北京：中国建筑工业出版社，2010.
［46］卢求，Henrik Wings. 德国低能耗建筑技术体系及发展趋势［J］．建筑学报，2007（9）：23–27.
［47］金虹，邵腾．严寒地区乡村民居节能优化设计研究［J］．建筑学报，2015（S1）：218–220.
［48］金玲，赵立华，孟庆林，等．广东地区农村住宅室内热环境优化研究[J]. 土木建筑与环境工程，2015(03)：116–126.
［49］李俊鸽，杨柳，刘加平．夏热冬冷地区人体热舒适气候适应模型研究［J］．暖通空调，2008（7）：20–24，5.
［50］王怡，赵群，何梅，等．传统与新型窑居建筑的室内环境研究［J］．西安建筑科技大学学报（自然科学版），2001（4）：309–312.
［51］牛盛楠，马剑，杨现国．"以柔克刚"——谈汶川震后对日本建筑结构抗震新技术的借鉴［J］．新建筑，2008（4）：109–111.
［52］吕西林，任晓崧，李翔，等．四川地震灾区房屋应急评估与震害初探［J］．建筑学报，2008（7）：1–4.
［53］穆钧，周铁钢，万丽，等．授之以渔，本土营造——四川凉山马鞍桥村震后重建研究［J］．建筑学报，2013（12）：10–15.
［54］刘钊启，刘科伟．乡村规划的理念、实践与启示——台湾地区"农村再生"经验研究［J］．现代城市研究，2016（6）：54–59.
［55］吴志宏，吴雨桐，石文博．内生动力的重建：新乡土逻辑下的参与式乡村营造［J］．建筑学报，2017（2）：108–113.

[56] 王英姿，陈跃涛 .“西胪实验”构建民智参与的村镇规划新模型 [J] . 建筑学报，2013 (12)：50–53.
[57] 王冬 . 作为“方法”的乡土建筑营造研究 [J] . 城市建筑，2011 (10)：22–24.
[58] 王竹，钱振澜 .“韶山试验”构建经济社会发展导向的乡村人居环境营建方法 [J] . 时代建筑，2015 (3)：50–54.
[59] 易鑫 . 德国的乡村治理及其对于规划工作的启示 [J] . 现代城市研究，2015 (4)：41–47.
[60] 张立 . 乡村活化：东亚乡村规划与建设的经验引荐 [J] . 国际城市规划，2016 (6)：01–07.
[61] 张宏，胡英英，林楠 . 乡村规划协同下的传统村落社会治理体系重构 [J] . 规划师，2016 (10)：40–44.
[62] 朱霞，周阳月，单卓然 . 中国乡村转型与复兴的策略及路径——基于乡村主体性视角 [J] . 城市发展研究，2015 (8)：38–45.

撰稿人：刘加平　雷振东　马　琰　陈景衡　屈　雯　崔小平

信息化时代建筑数字技术发展战略研究

一、建筑数字技术的主要研究内容

建筑设计与创造和革新紧密相关，随着信息数字技术的介入，其方法也处于不断变迁的状态，新的理论与系统方法不仅使其成果新颖独特，同时诠释着全新的设计理念。建筑与信息技术的整合是一个挑战，因为这需要重塑自我的创造力，对建筑师来说可能异常困难。建筑进行算法设计可以形成一套可行策略，将对建筑学产生深远影响[1]。

建筑数字技术隐藏着形式创新的可能，然而寻求片面的形式创新极易成为一种学科误导，它取代了建筑学学科的主导因素，并在引入建筑学学科的那一刻便违背了数字建筑的初衷：由于缺乏对数字算法本质及其计算机制的理解，数字设计中的算法逻辑以及数字概念的固有定义显得太直接，并成为合理化数字设计探索的严重障碍，设计者在利用数字工具的时候难以意识到其潜在的全部价值[2]。

如今，数字技术已横向渗透到城市规划、建筑学（城市设计）、景观学、建筑技术、室内设计学等众多学科领域的科研前沿，并在各学科纵向设计进程中扮演重要角色。在相关软件算法与硬件技术的逐年发展中，尽管建筑数字技术所涉及的研究内涵不断更新，但其基本方向却固定在一定的区间内。

2017 年北美 CAAD 协会采用了较为概括的分类方式，分别从设计方法信息处理、材料和施工、相关教育和文化对建筑数字技术进行提炼，将建筑数字方法作为一种通用的技术基础扩展到城市规划学、城市设计学建筑学等学科的设计、建造及教研的方方面面。这种分类方式基于既有建筑学学科的策略，突显技术对学科各设计层级的映射关联。从设计阶段、建造进程与建成环境及其他方面来讨论建筑数字技术的研究内容，可分类概括如下。

（1）数字技术与设计方法的结合

将建筑环境、功能、空间、建造技术及经济等因素进行量化与整合，利用编程算法，从设计要求和规则出发理性地生成优秀的预设方案。提取学科问题原型及其关联重组；方案筛选优化机制与评估体系；模型算法解析及程序构架等。主要包括：计算设计分析、参数和生成设计、协同与共同设计、设计认知、虚拟增强现实和互动环境、虚拟建筑与城市建模、模拟与可视化、CAAD 与创意、设计策略和生物仿真、设计工具和智能体系统、数字遗产、人机交互设计、形状和形式研究、模拟，预测和评估、性能的设计等。

（2）数字技术与建筑产业的链接

通过编程技术控制各类 CNC（数控加工）设备，形成建筑创作、程序编码，构件输出及数控加工相互关联的“数字链（Digital Chain）”系统[3]。探索基于数控建造技术的系统构建方法，建构方式与数控加工技术的映射关联；建筑设计与数控加工的“数字链”系统构成；数控设备的普适性与个性化等。主要包括：“数字链”系统数控建造与施工、施工的数字化应用、机器人施工与建造、材料研究等。

（3）数字技术对人性环境的支撑

建筑与城市相关的大数据整理、分析、提取，进而建立系统的统计分析和数据挖掘的数理逻辑同构，为建筑学学科提供科学的动态演化机制，形成彼此促进、互为依存的学科共生。将电子工程等技术应用于建筑学学科实现可动的建筑、可感知的环境以及高智慧的城市，实现人与建筑空间与城市空间的互联共生。主要包括：城市与建筑大数据收集与算法解析；数据规则提取与动态机制；互动建筑空间及其系统组件、普适与移动计算、建筑环境物联网、响应环境和智能空间等。

除此之外，建筑数字技术还包括以教育和哲学理论为主导的研究方面，如数字时代的设计理论、哲学和方法、计算设计研究与教育、实践和跨学科的计算设计研究等。

二、建筑数字技术的国内外研究动态

在信息时代的大背景下，数字技术在建筑建造工业中的应用愈加广泛。一方面，数字生成在建筑中意味着集算法、机器、软件、虚拟具体化为一身的复杂混合体；另一方面，又意味着节省劳动力、能源和材料，保证施工质量和建筑整体的可持续性。在过去的十年中，建筑学方法已逐步从 CAD 商业软件的应用转变为令人兴奋的算法驱动的全球实践，但这种转变尚未充分发挥出数字运算的应有价值。尽管预制楼板时代已渐行渐远，但网格系统在建筑设计领域依然承担重要角色。网格被旋转和变形，同时保持其对组织和建造的控制性。网格的边缘被放大、缩小或是旋转，从中可以观察到范式的改变。随着数字技术在建筑学中的深入，建筑学及其子学科均有数字技术延伸，如：方案设计阶段的生成设计[4]，建筑结构的拓扑优化，与建筑构造相关的数字建构，建筑物理相关性能优化，建造与施工阶段的数控建造等。

（一）数字技术设计方法

建筑数字技术将在很大程度上取代长期以来主导建筑和工程领域的图形学主题。二十年来一直困扰着建筑和工程的计算机图形模式与20世纪70年代的旧软件范例关系密切，并在80年代随着个人电脑的出现而普及。而计算机图形学和参数化系统在计算机科学设计理论中被认为是最原始的人工智能阶段。如今，数字技术已步入第二个人工智能时代，算法可以在没有人类帮助的情况下从数据中学习。通过算法学习，实现从手工编码系统向自主学习的设计系统转换。如此一来，建筑数字技术平台及相关工具允许建筑师和工程师在数字环境中组织和分析形式，建筑和工程项目均可以通过复杂的算法来转变其工作流程以最终实现自主设计[5]。

近年来，一些大型建筑公司通过大量关于算法驱动的建筑模拟对建筑和工程项目进行优化，其优化对象包括外立面优化、结构空间优化、大型基础设施乃至城市设计、景观设计。SOM公司被认为是利用复杂算法对设计/构建进行优化的先驱。SOM将搜索算法应用于摩天大楼结构桁架的设计过程中，逐个删除3D模型中不需要的材料，例如20世纪60年代后期位于芝加哥的汉考克大厦。SOM还利用算法的帮助来解决大型城市系统项目，例如2010年的芝加哥南区的六百英亩开发项目，以及名为LakeSIM的虚拟城市设计环境。2006年，Architectus设计的位于悉尼的布莱街一号Green Star高层项目，通过参数化算法及BIM系统设计结构和外墙。Aedas事务所于2012年设计的阿拉伯Al Bahar大厦通过算法驱动实现设计到项目的递进，可以对太阳路径实现交互式反应。英国建筑师简·卡普里基（Jan Kaplicky）2012年设计的意大利恩佐法拉利博物馆，通过曲线外墙定制算法达成材料最小化的目的并向世人展示了自由、动态的复杂外表皮形式。国内大型建筑设计院近年来在此领域也得到了快速发展，在众多领域开展了开创性探索。

此外，交互式设计过程通过丰富的输入输出设备来加强人与计算机之间的信息交互。在桌面时代，人们通过鼠标、键盘、显示器和计算机发生交互，表达和感知都受到很多限制。随着传感器技术的发展，在输入和输出方面出现了越来越多的人机交互设备。例如，手势输入设备，有Leap Motion、MYO、Gest等；动作捕捉设备，如Kinect、激光定位系统，乃至用于脑波监测的EEG设备。在输出方面，有已经消费产品化了的虚拟现实（Virtual Reality，VR）和增强现实技术（Augmented Reality，AR）。建筑师通过手势或体感设备可以像操作实体一样操作虚拟形体，省去了将造型意向通过鼠标或画笔转化成二维图纸等中间步骤；建筑师可以通过VR技术直接沉浸式地体验建成后的空间感受，实时修正自己想法和实际效果间的偏差。通过结合模拟算法，不仅可以还原真实，还可以提供真实环境无法提供的更多的分析数据，为设计提供数据支撑。

（二）数字技术建造方法

从施工的角度出发，主要是两方面的探索研究。一方面，施工承包商负责预制件的制造和运输，以显著降低成本、材料和施工对环境的影响；另一方面，建筑师和工程师负责大规模定制技术的发展，或者依靠机器人技术实现设计性能和建筑生命周期设计质量的提升。建筑建造行业的自动化进程远不及其他行业，且依然十分依赖装配工艺。历史上第一个工业化制造时期出现在19世纪，埃菲尔铁塔、早期的摩天大楼等；第二个历史时期则是20世纪五六十年代使用钢筋混凝土的大规模社会住房计划时期，但当时的预制技术并不比传统施工技术更廉价或更快捷[6]。

由于数字制造平台的加速，全世界涌现了许多通过机器人或机械手臂完成预制、模块化以及定制设计来进一步提高自动化的公司。日本Sekisui Heim公司自20世纪80年代开发了计算机企业资源计划（ERP）系统，用于控制生产和物流流程，并在此基础上进一步发展出自动化零件采集系统（HAPPS），可以将建筑师、工程师和客户的设计条件直接转换为参数化算法处理所需的数据进行全自动生产。他们改变了整个承重结构，使建筑物重量少，使用材料少，能耗少，生成和分析实时数据。与此同时，建筑构件的模块化，得以在现场实现快速组装，无浪费，无现场湿作业，并显著减少到现场的运输成本。随着预制和模块化进一步融入设计和施工过程中，建筑师、工程师和承包商掌握了更复杂的BIM技术以及更强的项目整合能力，这就导致预制部件并不仅仅局限于建造方面，还包括满足复杂客户所需的美学与功能兼顾的高级定制。

进入21世纪后，随着机器人制造工艺的进步以及相关的计算设计工具和模拟方法的发展，以机器人技术为代表的数控建造技术把设计与建造重新融合起来，使建筑的数字化与物质化（materialization）获得了历史性的统一，为当今的建筑学提供了一个全新而系统化的视角来研究形式、材料、结构等建筑元素。自2010年以来，欧美建筑产业特别是顶尖建筑院校大力发展数控建造技术，已经在科研和实践层面取得了长足进步，并陆续设立了相关研究机构和课程。其中比较著名的有麻省理工学院的Media Lab，苏黎世联邦理工学院建筑学院CAAD研究所，伦敦大学学院巴特莱特建筑学院的Interactive Architecture Lab，德国斯图加特大学的Institute for Computational Design and Construction（ICD），荷兰代尔夫特大学的Hyperbody，纽约大学Tisch艺术学院的Interactive Telecommunications Program课程，英国Architectural Association的DRL课程等。十多年前，瑞士苏黎世联邦理工学院（ETH Zurich）便实现了机器人砌块砌筑、金属加工、木材加工等多种数控加工工艺，并进行了大量项目实践[7]；2016年，威尼斯双年展的数字化石质穹顶（Armadillo Vault）[8]等。德国斯图加特大学的运算化设计研究所（ICD）采用机器人技术实现了纤维编织、新型木构等技术，完成了景观展馆（Landesgartenschau Exhibition Hall[9]和维多利亚和阿尔伯特博物馆纤维亭（Elytra Filament Pavilion，Victoria and Albert Museum）等作品。国内在此方面的学术研究在近年也有了长足进步，主要体现于东南大学、同济大学、清华大学、华南理工大学及相关院校利用自动化技术在材料和建造方式的教研探索。

（三）数字技术人性环境支撑

物理计算技术所催生出的人性环境支撑研究与应用主要体现在互动装置、互动建筑、互联建筑，以及由此集成的智能建筑等几方面。互动装置指通过赋予建筑构件、元素以互动的功能来提供新的服务，产生新的空间体验，提高建筑性能。在建筑表皮、空间、结构、媒体中都有应用的案例。在建筑表皮上应用的案例较多，通常被称作动态表皮（Kinetic facade），例如 Brisbane airport car park、Tower of Winds 等。

互动建筑将互动技术应用于建成环境中，传感器将环境信息转化成控制器的输入数据，控制器根据输入数据进行计算处理后产生执行器的输出数据，执行器根据输出数据改变自身状态，反馈到现实环境。对应到建筑领域，环境中需要观测的不仅是建筑内、外的物理环境参数，同时也包括了建筑设备的使用状况以及建筑内部人的活动。如：温度、湿度、声音传感器，门、窗以及各种建筑设备状态传感器，以及室内人员定位传感器等。执行器可能是调节物理环境参数的建筑设备，或是传递虚拟信息的显示器和播音系统。控制器可以兼顾集中式和分布式：集中式的系统将所有的数据信息通过网络汇总到终端控制器上，进行综合处理以后，控制器将控制指令发送到执行器。这种模式和现有的建筑自动控制系统比较接近。在分布式控制系统中，每个具有计算能力的控制器连同传感器和执行器形成一个小型的闭环，例如公共卫生间里的感应水龙头。每个闭环负责不同的功能，组合形成一个多功能的系统。集中式系统采集的数据较为全面，利于提升智能化程度，但需要系统化的设计，前期投入大，且拓展性受限制。相反，分布式的设计，系统设计相对灵活、拓展性好，但是由于单个系统的计算能力有限，只能完成一些简单的任务。

互联建筑是指将建筑内的电子电器设备、传感器相互连接实现数据的交互。除了利用传统的需要系统性设计的总线系统（Bus System），还可以利用 WiFi 、Zigbee、无线传感网络（Wireless Sensor Network，WSN）技术，设备可以随时被加入和移除网络，无需太多地依赖原有的线路基础设施。原本不具备互联功能设备也可以通过附加上智能开关等装置加入控制系统。设备的互联体现在两个方面，一是建筑内部设备的互联，二是建筑与互联网的连接，从而实现远程控制。

三、关键科学与重点任务分析

建筑师与信息技术专家交流建筑问题通常非常困难，当设计师面对异常复杂的学科问题并试图以轻松、务实的方式进行数字计算时更是如此。理论上讲，某些算法或许不能提供完全规则或者非常精确的解决方案，但它们依然是非常有效的工具。“思维转变”通常伴随科学进步发生，它被定义于主流思想的过渡、转化、演变和超越，并体现在价值、目标、信仰、理论和方法的变革，进而影响集体性认知。新的理论和模型需要运用崭新的方法来理解传统的理念，方法的探索并不会埋没人们的创造力，而旨在突破固有的局限性，并为设计师提供新的探索与实践方向[2]。

建筑设计方法及其建造流程正朝着更科学而系统的方向发展，建筑环境、功能空间及其建造手段也亟待整合和量化；互联网、物联网技术与相关算法相融合，为建筑学学科提供了科学的动态演化机制，形成彼此促进、互为依存的学科共生。基于规则和逻辑本质的算法设计可以超越现有应用软件的限定，隐喻而间接地在数字语境中联系传统的学科概念，纵观过去的几年，建筑数字技术的关键科学技术及主要任务主要体现在以下几个方面。

（一）建筑数字技术数理算法关键科学

建筑设计问题包含了大量复杂约束，功能各异的项目需要设计师对类似的约束进行主观梳理和策略甄别，在此过程中，机械与灵活、模块与离散、局部与整体并存，尽管这种分层方式构成解决极端复杂问题的关键因素，但也极易因此丢失对设计成果的总体控制。与此不同，算法设计可以实现分层模块的程序化控制，并随时提供将其并入演化系统的可能，这种可能性可以发挥数字化方法的巨大潜能。另一方面，对于大部分建筑师，计算机只是一面高效映射设计理念的“镜子”，设计“黑箱”受制于其主观意念。但如果试图创造性地使用这一工具，设计师则需要加入针对“黑箱”的编程阵营，探索算法技术对设计规则的掌控能力，并关注算法计算对设计规则的过程性控制。算法是符合计算机语言的人类思维表达，但它并非人类思维的子集，而是一个与人类思维并行的逻辑系统：一方面，设计师定义明确或响亮的特征，对计算机算法可能无法描述；另一方面，精明的计算机算法尽管可以迅速解决预设问题，但从人类的角度看可能显得臃肿而愚蠢，却可能迅速搜索到可行而合理的解决方案（如：由于综合了计算机的计算能力，“暴力解码”算法只需要数秒便可以迭代数百万种可能）[2]。数理算法关键技术主要体现在“先验与理性模型的矛盾”以及“模块与应用相分离的演化模型”的建立。

（1）先验与理性模型的矛盾

程序设计师与艺术类设计师工作方式大相径庭，程序工程师的设计视角关乎实用和效益，兼顾效率和优雅；艺术家的设计则强调意义的传达和愉悦感；建筑师、产品设计师却需要二者兼顾。理性模型可以为基本算法提供必要的思维流程，也是组员合作的抽象交流平台。软件工程师对设计过程一般均有清晰隐晦的有序模型，例如，确定工程的目标及一系列“必要条件”；“效用函数”根据“必要条件”的重要性设定权重系数分配；对于只有满足和不满足的二元约束，接近边缘约束的权重代价会急剧增加等。理性模型类似对设计路径作穷举搜索，以搜寻最优解，选择设计树各节点上最有前途和吸引力的方案，如果路遇死胡同则会采用回溯的办法尝试另一条路径。这种理性模型概念是一个简单的线性过程，以可行性约束为依据，其思路也能被清晰描述。理性模型也可以在人工智能意义下搜索合适的标的。但模型比上述线性模型要复杂很多，对于设计过程自动化，人工智能仍是强大的先驱。对于软件工程师则不必过于强调理性模型，因为这是他们专业与生俱来的经验和方式，但在具体操作时，线性的理性模型有可能具有巨大的误导性，有时它们并不真实反映工程师的真正工作流程，更不是设计师认同的设计本质。

（2）模块与应用相分离的演化模型

演化模型的核心系统与建筑学效用模块彼此映成（一对多或多对一的映射），但核心系统的叠加并不能包络建筑学的全部。演化模型基于对设计原型的递进式探索，它并不包罗“设计、构建、测试、部署、维护、扩展”等大型商业软件开发所必须的步骤。演化模型主要针对不能明确定义需求的开发目标，演化模型可以提供大量原型后续研发空间。演化模型没有里程碑和合同的节点限制，开发模式可以采取分批循环开发的办法。每次循环便为原型增添新的功能，这种开发模式恰好对应建筑学科各类应用子集，如最优路径算法程序模块可以映射至疏散人流设计或城市设计的道路系统规划；模式识别算法可以映射至聚落模式及建筑形式生成，也可以用来探索各类城市形态研究课题。演化模型基于设计过程中的问题空间和解空间共同演化，在此过程中信息在这两个空间之间流动。演化模型程序开发需要将模块、程序数据结构与专业应用彼此分离，避免因子模块交叠而引起逻辑漂移的灾难性后果。

（二）建筑数字技术数控建造关键科学

“数字链”数控技术具有明显的跨学科科研特征，包含数理算法、数控制造及与之关联的互动设计最初表现为高强度计算机程序编写工作，并植根于自开发程序对现实物理世界形式各异的创造工作，其研究方式不同于对既有应用程序的操作性应用。“数字链”技术将生成设计、数控建造技术的彼此融合[10]，并从输入、输出两端提炼并操控建筑设计相关原型，最终表现为程序工具对设计原型、材料选择、成本优化及数控制造（或建造）的一体化控制工具。建筑“数字链”技术可以向高、低端双向发展：向上可以开发各类算法及数控制造应用程序；向下则可以挖掘基础程序算法及与之对应的数学模型。“数字链”系统基于实际问题的程序化解答，不同运行阶段均在同一系统中共享既有的数据，避免数据在不同应用程序之间的低效转换。“数字链”系统侧重于构建程序算法与建筑原型主题之间的应用桥梁，多角度审视并填充设计与建造之间的缝隙，整合该进程中各类科学问题，以达到效果、效益、效率的最优化。

（1）从原型中提取生成规则

在传统的建筑设计构思阶段，设计思路一旦成熟，建筑形象便已基本分明、呼之欲出。相比之下,“数字链”系统方法根据设计原型制定相应的程序进化规则,组建自洽的计算机程序流程,并通过程序算法系统定义、协调、构建各类设计产品。“数字链”方法可以展示规则、非规则、复杂事物的变化程度和难以预见的行为模式,同时,“数字链”仍包含预先定义与生成结果间的因果关系。

(2)设计与加工数字化无缝接轨

基于对各类CNC数控设备功能特征及其对材料加工方式的分析,“数字链”系统可以灵活修正数控制造所需的各种输入数据,生成精确的建筑构制造文件。低层数据互联网络协议简单、响应迅速、可靠性更高,“数字链”生成工具可以将数据成果转换为具有开放式通信协议的机器代码。此外,为了便于建筑构件现场装配,“数字链”系统可以将建筑构件数据分解,程序化生成用于装配定位及符合装配流程的程序编码,从而实现设计、制造与现场装配的无缝接轨。

(3)高效率兼顾低成本

“数字链”提炼建筑原型课题,融合各类建筑限定要素,灵活控制输入源、程序处理及输出源等多方数据,“数字链”将建筑问题分解为智能单体,各智能体具有独立的属性及处理问题的方法,通过联合、群集、互动关联及算法规则限定,“数字链”系统能够从经济角度全局优化材料及制造过程的各种因素,且对现场突发变化做出迅速响应,最大程度的实现效率与成本的高度统一。

(三)建筑数字技术物理计算关键科学

物理计算的产生与发展主要依赖以下几个因素:硬件成本的降低,数据需求增加,以及学习曲线的缩短。硬件成本的降低,确保了研发和生产的低成本;大数据的需求,增加了对传感器等基于物理计算技术设备的需求;学习曲线的缩短,降低了学习门槛,吸引了大批包括建筑师在内的非计算机专业研究人员的研究兴趣。

(1)硬件成本

嵌入式微处理器(Micro-Controller Unit)的发展使得传感器和处理器的体积、功耗、成本都大大降低。任何一台智能手机内都可以集成加速度、陀螺仪、红外线、摄像头、光线、指纹识别等十几种传感器,更小的体积使得传感器可以被隐蔽地、非破坏性地嵌入到现有的环境、设备和系统中。更低的功耗免除了电源布线的麻烦,且设备可以依赖电池或太阳能等能量采集(Energy Harvesting)的方式来维持长期运行。硬件成本的降低也降低了研发成本,最终产品被大批量地使用。在计算机单机性能不断提高的同时,互联网又开启了新的运作模式。互联网协议IPv6可提供3.4×10^{38}个IP地址,足以给每个电子设备分配一个公共网络IP地址。各种用于移动和可穿戴设备的无线通信协议相继制定,服务于不同大小的应用场景,比如WiFi、BLE(低能耗蓝牙)、ZigBee、6LoWPAN、EnOcean、NFC、RFID等。一节纽扣电池的电量就够维持一个BLE链接数年之久,开关一次电灯开关所产生的电量就足够 EnOcean 设备发出一个无线指令，使之进一步脱离对电源的依赖。每一个物件都可以被接入物联网（Internet of Things，IoT）这个巨大的网络，由传感器直接从现实的物理环境中采集各种数据。

（2）数据需求

大数据旨在从海量、多样的数据中利用数据挖掘算法快速地发掘新的价值。谷歌搜索排序、Netflix 和亚马逊的推荐系统、京东的物流备货和仓储系统，都是大数据成功应用的范例。数据感知技术帮助获取分析所需的大量数据，是大数据的前端技术。目前，数据主要来自互联网和移动网络。然而，相对于日常环境中产生的可被数据化的信息、互联和移动网络也只占很小的一部分。如何数据化、采集、融合现实环境中的信息正是物理计算、普适计算的主要研究内容。因此，大数据的数据需求也进一步促进了物理计算的研究。另一方面，数据领域的数据挖掘、机器学习算法也提高了物理计算系统的智能化程度及可靠性，拓宽了应用范围。

（3）学习曲线

虽然硬件成本持续降低，但是计算机编程、数字电路设计都是专业性较强的工作，非专业人士通常需要经历很长的学习曲线才能进行实际的项目开发。而近年盛行的开源潮流，有效地降低了学习的门槛。所谓开源，就是将程序的源代码开放提供给他人使用。专业人士将原本底层、繁复的软硬件驱动程序封装成简单易用的代码库和接口，非专业人士仅需要基础的编程知识就可通过调用这些库和接口来控制复杂的传感器和控制器。传感器也被进一步模块化，免除了周边电路设计的工作。设计学科的本科学生经过短期的培训，通过传感器模块的拼接和简单编程，就能制作互动系统原型。研究门槛的降低吸引了不同领域研究者的研究兴趣，也加速了物理计算向其他学科领域的渗透，拓展了思路和应用面。更多的参与者又进一步充实了开放资源，完善其功能和易用性。

（4）数据挖掘技术

当物联网技术被嵌入到建成环境之中时，建筑不再局限于提供空间和场所，而将成为一个数据发生、采集、融合、交互和提供基于数据的服务的信息化运作的系统。建筑自动化实现的是简单的响应机制，而新的信息化的建筑需要实现更为智能和人性化的服务。这样的建筑要能感知情境，知道某个行为所处的场景；要提供个性化服务，学习人们的行为模式及偏好，提供有针对性的信息；要具备自适应能力，根据人的行为变化做出相应的调整；要具有预判能力，根据过往行为提前准备下一步的服务。上述功能多需要借助数据挖掘（Data Mining）技术来实现[11]。

用于室内传感器数据的数据挖掘算法大致可以分为以下四类：聚类（Clustering）算法，分类（Classification）算法，频繁项集挖掘（Frequent Itemset）和概率图模型（Probabilistic Graphical Model）。这四类算法都有各自适用的领域，解决不同的问题。聚类算法可以自动将数据按照一定特征进行分类，多数是非监督学习（Unsupervised Learning），如

K-means、DBSCAN、自组织映射（Self-organizing Maps，SOM）算法等，常被用在主要流线分析、日常行为分类；分类算法将数据分类到既有的模式类别中，如人工神经网络（Artficial Neural Networks，ANNs），支持向量机（Support Vector Machine，SVM）等，主要用于根据传感器数据进行行为类型识别；频繁项集挖掘用于发现出现频率高于特定阈值的项目组合或序列，如 Aprior 算法、序列模式挖掘（Sequential Pattern Mining，SPM）等，可用于空间使用和时段的相关度分析及空间使用顺序关系；概率图模型用于建立不同状态间跳转概率的模型，如贝叶斯网络（Bayesian Network）、隐马尔可夫网络（Hidden Markov Model，HMM），常用于行为的预测。

由于建成环境的复杂性，传感数据的多样性，以及人行为的随机性，目前还不存在某种单一算法可处理建筑应用中的所有问题。不同算法需要相互配合才能实现功能。例如，室内无线传感网络的序列模式挖掘，旨在发现人在室内常见行为的顺序模式来实现预测机制。室内传感器数据多取自异构传感器网络（Heterogeneous Sensor Network），不同传感器的记录频率、数据类型都各不相同，且事件发生常带有一定的随机性，此外还要考虑事件的发生的上下文环境。因此，首先要对数据进行分类和简化，分类既要防止分类过粗，导致数据特征丢失，又要防止分类过细，导致算法失去普适性等。

四、政策和措施建议

（一）推动建筑设计与计算机科学（人工智能）的融合，初步实现建筑业的“设计智能化”

2017 年 7 月国务院印发了《新一代人工智能发展规划》，指出人工智能已成为国际竞争的新焦点，是经济发展的新引擎，鼓励用人工智能推动经济社会各领域向智能化加速跃升。人工智能已经在大数据分析、人机互动、自主智能系统等方面做出了突破性的进展。而建筑业是占全球 GDP 6% 的巨大产业，又与人的日常生活密切相关，在近 5~10 年内人工智能技术将渗透到建筑业的各个方面，引发“设计智能化”的全面革新。面对“设计智能化”的新需求，我们应主动求变，牢牢把握人工智能发展的重大历史机遇，实现建筑业向智能化的跃升。

（1）重点扶持一批顶尖智能化建筑设计企业和科研项目，尽快占领高新技术制高点，在新一轮国际科技竞争中掌握主导权

目前，国内已经萌发了少量智能化设计企业或科研团队。2017 年引起热议的“小库科技”（www.xkool.ai），大胆尝试了人工智能建筑设计的商业化推广，预示着“智能化设计”这个新兴市场需求。同时，国内高校也在积极探索人工智能与建筑设计的深度结合，如东南大学的“赋值际村”计算机自动村落生成项目（labaaa.org/assign-ji/）[12]。从科研方向、市场需求、全球科技发展趋势来看，智能化建筑设计都是未来竞争的焦点，是促进建筑业

重构和建筑人才洗牌的原动力。

尽早扶持一批顶尖智能化建筑设计企业和科研项目，在“智能化设计”的国际竞争中占得先机。近年来，国内高校如清华大学、同济大学、东南大学等不断探索数字化建筑设计方法，在国际上处于较为的领先地位。国内的建筑数字化技术的学术活动十分活跃，近两年的 CAADRIA（Computer-Aided Architectural Design & Research in Asia）国际会议都在中国召开，同时 DADA（数字建筑设计专业委员会）的学术活动也很活跃。抓住建筑数字建筑在中国兴起的契机，大力支持一部分顶尖企业和高校做出重大原创性成果，为未来的“智能化设计”长远规划打下良好的基础。

（2）突破信息科学与建筑学之间的壁垒，围绕“智能化建筑设计”市场新需求来培养复合型新型人才

如今，建筑学与软件工程、信息科学等领域的隔阂正在逐渐消失。美国普渡大学、亚利桑那州立大学，沙特阿卜杜拉国王科技大学（KAUST），瑞士苏黎世联邦理工学院（ETH）的计算机科学家正在不断探索智能算法在建筑与城市设计中的应用。智能化建筑（包括室内、建筑、城市规划）设计已成为计算机科学的子领域。

另外，计算机几何（Computational Geometry）在建筑数字技术中显得日益重要。近10年来，数学家波特曼（Helmut Pottmann）[13]、计算机科学家波利（Mark Pauly）等人通过计算几何的研究渗透到了建筑数字技术当中。同时，很多基于建筑学的组织如 Smart Geometry，Advances in Architectural Geometry，Robotic Fabrication in Architecture，Art and Design 也大力开展计算几何的探索与应用。大胆突破行业壁垒，围绕核心技术、顶尖人才强化部署，创造出跨学科的科研与创业平台，方能实现建筑业和信息科学的共同发展。

（二）大力培育建筑业与智能制造业（工业 4.0）的融合，推进建筑业的“建造智能化”

2015 年，国务院印发的《中国制造 2025》充分强调了新一代信息技术与制造业深度融合的必要性和紧迫性。建筑业大约占全球 GDP 的 6%，但建筑的施工技术水平远远落后于其他制造业——譬如汽车制造业的机器人使用率非常高、生产流水线非常智能化。在我国大力发展智能制造业的大背景下，应打造建筑业与智能制造业相结合的示范性工程，推动传统建筑施工的技术升级，并为智能制造业提供新的市场需求，最终促进相关行业从微观到宏观的整体提升。

（1）开展数字化设计与智能制造业相结合的试点工作，完成一批智能化建造的建筑示范工程，力争占领国际制高点

欧洲发达国家如英国、德国、瑞士等虽然已经在建筑建造（制造）智能化的道路上占得先机，但智能化建造技术依然处于实验阶段，并没有大规模代替传统施工技术。基于我国的制造业潜力和巨大的建筑市场需求，有望在“建筑智能化建造”的发展道路上实现超

车，在国际范围内掌握技术话语权。

2016 年，Apis Cor 公司推出了小型混凝土 3D（三维）打印机，可以完整地打印一栋小型建筑。同时，大型混凝土 3D 打印技术实现了大跨度的 3D 打印案例，建议政府鼓励和支持建筑 3D 打印企业，并尽早完成一批示范工程。此外，机器人砌筑、机器人铣削、机器人木构等技术也是具有市场潜力的建造技术，有望在不远的未来实现市场化。

（2）利用“建筑智能化建造”技术促进传统建筑产业的全面升级，同时促进相关制造业的数字化与智能化，更新人才结构

智能制造业需要拓展新的市场，而建筑施工与加工技术严重落后的状况急需技术提升。“智能化”既是市场需求又是行业自身更新的内部需求。利用“建筑智能化建造”的历史性契机，我们应大力促进传统建筑产业的技术全面升级：从手工操作、半机械化的技术路线转向数控建造、自动化建造、智能化建造技术路线。

《中国制造 2025》提出“人才为本”：坚持把人才作为建设制造强国的根本，建设一支素质优良、结构合理的制造业人才队伍。而“建筑智能化建造”的技术革命需要配置高素质、跨学科的复合型人才。人才是支持建筑产业升级的必要条件，更重要的是高素质复合型人是未来新型经济发展的原动力，是行业保持创新力的根本要素。

（三）推行并深化适合中国建筑业的建筑信息模型（BIM，Building Information Modeling）标准和实施办法，支持和鼓励企业和高校探索多样化的发展

发展 BIM 技术是近期建筑业信息化、智能化的首要任务。我国工程建设行业从 2003 年开始引进 BIM 技术，目前的应用以设计公司为主，各类 BIM 咨询公司、培训机构，政府及行业协会也开始越来越重视 BIM 的应用价值和意义。2017 年 5 月，住建部发布了《建筑信息模型施工应用标准》，提出了推进 BIM 应用的指导思想与基本原则。

欧美发达国家提出并推行建筑信息模型（BIM）技术，是几十年建筑实践的结果，是建筑信息化技术的集中体现。国内大型设计院也一直在积极推行 BIM 在实际工程中的应用，取得了丰硕的成果。如中国建筑设计院的 BIM 中心开展了大量的全专业 BIM 实践，具备了自主开发的符合中国设计流程、管理流程、中国制图体系的 BIM 整体解决方案。BIM 技术实施的意义超越了建筑学学科的传统范畴，在工程管理、社会协作等层面具有深远的影响。当前 BIM 应用不仅是一种技术实现问题，更是一种上升到行业发展战略层面的管理问题。

（1）大力促进建筑业利用 BIM 技术进行设计与施工，在大量实践中更新适合中国的标准和实施办法

2017 年发布的《建筑信息模型施工应用标准》明确提出了推进 BIM 应用的发展目标，即“到 2020 年末，建筑行业甲级勘察、设计单位以及特级、一级房屋建筑工程施工企业应掌握并实现 BIM 与企业管理系统和其他信息技术的一体化集成应用。到 2020 年末集成

应用 BIM 的项目比率达到 90%”。

值得注意的是，使用 BIM 软件（如 Autodesk 公司的 Revit 软件）只是实现设计、施工、维护信息化的一个必要条件，更重要的问题是如何在建筑实践中发现问题，用 BIM 模型去定义和解决问题，最终在实践中解决问题。对设计院、施工单位等相关建筑业来说，只有在 BIM 应用实践中获得实际的利益和优势，才能从根本上使 BIM 技术的发展成为建筑业的自发性诉求。建议在推广 BIM 标准的过程中结合“自上而下”和“自下而上”两种方式：一方面积极推广集思广益的国家统一标准，另一方面鼓励广大业内专业人士提出对标准和实施办法的建议。

（2）鼓励开发具有独立知识产权的 BIM 软件，促进 BIM 技术多样化的发展

美国 Building SMART 联盟主席 Dana K. Smith 在 2009 年提出：“依靠一个软件解决所有问题的时代已经一去不复返了”。如今，不同的行业有着各自的 BIM 软件，例如国内大部分建筑设计院使用 Revit 软件，在工程领域则多使用 Bentley 软件。虽然很多单位已经大量使用 BIM，并积累了一定经验，但对建筑信息模型的软件构架、数据结构、与建筑实体之间的关系仍然缺乏深入的理解，特别是缺乏进行原创性开发的能力。我们应当避免以国外某一企业产品为软件标准，应鼓励开发国内具有独立知识产权的 BIM 软件，使国内企业掌握软件底层技术并具备持续的开放能力。

我们各个省市自治区的地域气候、经济发展水平、技术水平存在很大差异，机械化、教条式的 BIM 标准很难在每个地区都收到很好的效果。因此，BIM 技术的推广并非仅仅是技术标准问题而是和具体的建筑业问题和目标息息相关。例如，在东北严寒地区的节能措施和技术（孙澄）与南方地区截然不同，因此采用的性能模拟数学模型、量化评价体系、软件模块都会存在很大差异。如何利用 BIM 技术所代表的新一代信息化技术来梳理和解决我国各个地区庞杂的建筑问题，是未来完善 BIM 解决方案的一个工作重点。

五、发展趋势与展望

长期以来，建筑设计被置于理论和实践两面平行的镜子之间，相同的问题被无限复制，共同的原型被迭代递归，在“设计黑箱”的裹挟下数理运算缺乏直接展示其强大功能的机会。在过去的二十年中，数字技术与建筑学学科迅速融合，其设计思想、设计方法、设计过程、建造流程、项目管理等方面都朝着更科学而系统的方向发展。复杂系统、人工智能与建筑数字技术相互嫁接逐步催生出以建筑生成设计、数控建造、互动设计等为代表的建筑学学科分支。一方面，建筑师对数字技术的解读不断变更，技术投入在实践与科研中获得了丰厚的回报，建筑数字技术正为建筑学学科充实崭新的理论与方法；另一方面，建筑数字技术本身也急需奠定系统的探索基础，数学与算法技术比以往任何时候都更符合建筑学的要求，并期待建立智能且包含众多接口的可扩展架构[2]。对于建筑学的特定问

题可以采取多种技术实现，但那些面向系统与框架的算法构建明显优于简单工具的等效替代。算法设计被确定并融入建筑数字技术研究，旨在寻求并获得算法设计的计算模式。特定的演化算法具有并行、进化和自适应特征，并将多种学科要素分解成直观的算法描述，甄别功能性因素与艺术性特征，以抽象的方式来获取最终产品的直接代理，进而提供全局优化的自适应解决策略，必将广泛应用于建筑学学科的模型建立。

与建筑数字技术相关的另一个重要角色是“创意代理人”：以数控设备为代表的机器工匠们。它们直接接触建筑材料，并在加入之初便以高效和精确为目标发挥其独特专长。在这个新奇的转置过程中，合理的空间与时尚的形式已经满足不了建筑师和业主的胃口，加工技术为建造提供了工厂组装模式，“数字链”系统一方面可以展示规则、非规则复杂要素的变化规则，另一方面它们仍包含成果与预定义的逻辑关联，同时祈求成果的多样性与个性化并存。

数字化的建筑设计与建造将改变建筑设计行业的人员构成、技术特点、经营方式和社会责任：数字化的建筑设计与建造技术在建筑学中逐渐深入，将颠覆建筑师用图纸与语言和其他建筑从业者进行交流的传统。一个成熟的数字化设计与建造团队可以独立完成一个项目的设计、试工和维护，可以通“数字链”的方式掌控一个建筑项目的整个生命周期（方案设计、结构设计、材料供应、施工、运营、维护等）。因此，新一代智能化设计与建造将会重构建筑业的生产、分配、交换、消费等各环节，同时改变建筑业的人员构成。建筑学学科应抓住这个数字化技术革新的机遇，培养高素质、跨学科的高素质人才，为行业更新提供原动力。

建筑业与软件技术、新型制造业将在智能化的道路上实现融合：新一代的信息技术是创造新的经济增长点、提升我国经济实力的一个关键。建筑业是国民经济的重要组成部分，因此在我国信息化、智能化的发展道路上有不可推卸的责任。目前，BIM、数控建造、物联网等新兴技术逐渐在建筑学中推广与深入。为了更全面、更健康的在建筑学中发展数字化技术，我们应探索建筑业与软件技术、新型制造业的“跨界融合”。跨界融合是技术的融合，同时也是人才的融合、管理的融合、市场的融合。

算法技术随着计算机科学和算法思维的增强而不断发展，“AlphaGo 人机大战”表明昨天的不可思议，今天已成为现实；同样，明天的算法会催生出什么，今天也无从预计。对于设计师而言，任何关于形式的评价以及制造的逻辑均被默认为人类设计师的思维，其缺陷也在于它将计算机的算法潜能控制在设计师的思维范畴。基于算法探索的人类思想具有非凡的能力，它将超越设计师的想象力极限，但同时也暗示人力的潜在缺陷。在建筑数字技术世界中，算法作为人机交流的纽带，为设计师提供了“不可想象”的探索空间。算法模糊了理性科学与感性艺术的界限，它包含影响设计成果演化过程的时间和空间的限定要素，在动态进程中产生可行性结果，并以此表达设计概念。算法设计隐喻地、间接地在新的技术文脉中联系传统的学科概念，基于规则和逻辑本质的算法设计可以超越现有应用软件的限定，实现设计方法的连续性转化。并在对新方法思考的持续前行中，确立未来运算的设计目标，这不仅体现在最近研究、设计实践和教育成果，更要揭示影响设计轨迹的可能、现象与因素的探索性视角。建筑学所着眼的真实环境植根于复杂的自然界，新的传感技术和计算方法对不同的环境因素提供实时的感知与分析手段，这将提升设计进程的实时适应性，以及物理建筑环境的互动性。基于数字技术的设计方法为建筑设计提供了令人兴奋的机遇，也为建筑教育提出了挑战，它们并非传统教育方法的替代品，而是其有益的延伸。未来建筑教育将如何发展？建筑师扮演的角色是否有持续和深入的变化？具有先验特征的复杂形态是否会走向体验层次的反面？环境被复杂技术嵌入是否会变得易受攻击？何为既是生态的又是社会的可持续关系？这些问题都有待重新理解和深入探讨[2]。

参考文献

[1] 李飚．建筑生成设计——基于复杂系统的建筑设计计算机生成方法研究［M］．南京：东南大学出版社，2012.

[2] 李飚．算法，让数字设计回归本原［J］．建筑学报，2017（5）：1-5.

[3] 李飚，郭梓峰，李荣．“数字链”建筑生成的技术间隙填充［J］．建筑学报，2014（8）：20-25.

[4] H Hua. A Case-Based Design with 3D Mesh Models of Architecture［J］. Computer-Aided Design，2014（57）：54-60.

[5] Ludger Hovestadt. Beyond the Grid［M］. Basel：Birkhauser Verlag AG，2010.

[6] 唐芃，郭梓峰，张佳石，等．整合与协同——数字链系统驱动的设计与建造实践［J］．建筑学报，2017（5）：13-17.

[7] F Gramazio，M Kohler. The robotic touch：how robots change architecture［M］. Park books，2014.

[8] Barentin C，Frick U，Block P. The Armadillo Vault：Computational design and digital fabrication of a freeform stone shell［C］. Advances in Architectural Geometry，2016.

[9] Schwinn T，Krieg O D，Menges A. Behavioral strategies：synthesizing design computation and robotic fabrication of lightweight timber plate structures［C］. 2014.

[10] 华好．数控建造——数字建筑的物质化［J］．建筑学报，2017（8）.

[11] Bing Liu. Web Data Mining：Exploring Hyperlinks，Contents，and Usage Data（Data-Centric Systems and Applications）［M］. Springer-Verlag New York，Inc. Secaucus，NJ，USA，2006.

[12] 李飚，郭梓峰，季云竹．生成设计思维模型与实现——以“赋值际村”为例［J］．建筑学报，2015（05）：94-98.

[13] E Vouga M，Höbinger J，Wallner H，et al. Design of Self-supporting Surfaces［J］. ACM Transactions on Graphics，2012，31（4）1-11.

撰稿人：李　飚　华　好　李　力　唐　芃　虞　刚

产业现代化背景下的建筑工业化发展战略研究

一、引言

建筑业是我国国民经济的支柱产业。经过三十多年的改革发展，建筑业的建造能力不断增强，产业规模不断扩大，到 2016 年，全国建筑业总产值达 19.35 万亿元，建筑业增加值达 4.95 万亿元，占国内生产总值的 6.66%。建筑业还吸纳了大量农村转移劳动力，占农村进城务工人员总数的五分之一以上，并带动了五十多个关联产业发展，对经济社会发展、城乡建设和民生改善做出了重要贡献。

但是，我国建筑行业的现状仍然不容乐观，建筑行业的劳动生产率总体偏低，资源与能源消耗严重，建筑环境污染问题突出，建筑施工人员素质不高，建筑寿命短，建筑工程的质量与安全存在诸多问题生产方式的落后是导致我国建筑行业出现问题的主要原因。所以，建筑行业亟须一种新的生产方式来改变目前的现状。而建筑工业化生产方式与传统建筑生产方式相比，工业化的生产方式有着明显的优势（表 2）。

表 2　传统生产方式与建筑工业化生产方式的对比表

比较项目	传统生产方式	建筑工业化生产方式
劳动生产率	半手工作业，劳动生产率低	采用住宅构配件工厂化、现场施工机械化、组织管理科学化的建设模式，劳动生产率较高
资源与能源的消耗	耗地、耗水、耗能、耗材	整体用料省，消耗资源量少，使用不对环境造成破坏、不破坏土地或少破坏土地的材料。有利于减少资源与能源的浪费
建筑环境污染	建筑垃圾排量大，因建筑活动造成的污染较严重	提高建筑垃圾的回收效率，减少建筑垃圾的排放量，有利于实现环境保护与可持续发展

续表

比较项目	传统生产方式	建筑工业化生产方式
施工人员	目前建筑施工人员中大部分是农村剩余劳动力的转移，专业水平较低、教育程度较低、工作时间过长，不利于整体素质的提高。	一方面，能极大程度的减少施工过程的人数，另一方面对施工人员的高要求，有利于提高建筑施工人员的整体素质。
建筑寿命	我国建筑寿命普遍较短，达不到设计寿命的一半左右，不利于满足住宅用户的需求	引入全生命周期的理念，能延长建筑的寿命。符合循环经济的理念。
建筑工程质量与安全	建筑工程质量水平较低，建筑安全事故时有发生。	实现了现代科学技术和管理，在住宅建造过程和经营服务过程，应用现代管理思想和方法，能提高建筑工程质量，提升建筑施工的安全性。

国务院办公厅印发了《关于促进建筑业持续健康发展的意见》（国办发〔2017〕19号），这是建筑业改革发展的顶层设计，从深化建筑业简政放权改革、完善工程建设组织模式、加强工程质量安全管理、优化建筑市场环境、提高从业人员素质、推进建筑产业现代化、加快建筑业企业“走出去”等七个方面提出了措施，对促进建筑业持续健康发展具有重要意义。

推进建筑产业现代化，大力发展装配式建筑是我国未来建筑业发展的重中之重，是我国建筑业节能减排、结构优化、产业升级和进行重大产业创新的必经之路。十八大报告、《国家中长期科学和技术发展规划纲要（2006—2020年）》《国家“十二五”科学和技术发展规划》《国务院办公厅关于大力发展装配式建筑的指导意见国办发〔2016〕71号》和《“十三五”装配式建筑行动方案》等共同指出的深入发展新型工业化，产业化，信息化，城镇化等社会可持续发展的国家战略。为了响应国家政策，各地方政府也积极出台政策文件支持新型建筑工业化的发展，推进装配式建筑的建设。

建筑产业现代化是指通过发展科学技术，采用先进的技术手段和科学的管理方法，使产业自身建立在当代世界科学技术基础上。应用先进建造技术、信息技术、新型材料技术和现代管理创新理念进行的以现代集成建造为特征、知识密集为特色、高效施工为特点的技术含量高、附加值大、产业链长的产业组织体系。新型建筑工业化是以构件预制化生产、装配式施工为生产方式，以设计标准化、构件部品化、施工机械化为特征，能够整合设计、生产、施工等整个产业链，实现建筑产品节能、环保、全生命周期价值最大化的可持续发展的新型建筑生产方式。在建筑产业现代化背景下，新型建筑工业化是对传统建筑生产方式的变革，可实现建设的高效率、高品质、低资源消耗和低环境影响，具有显著的经济效益和社会效益，是未来我国建筑业的发展方向。

建筑产业化，核心就是生产工业化。建筑工业化是随西方工业革命的爆发，在建筑领域兴起。针对当代建筑工业化，是指通过现代化的制造、运输、安装和科学管理的大工业的生产方式，来代替传统建筑业中分散的、低水平的、低效率的手工业生产方式。它的主要标志是建筑设计标准化、构配件生产施工化、施工机械化和组织管理科学化。在工业发达的国家，建筑生产工业化的程度相当高，而我国建筑产业化研究起步较晚，并且生产工业化往往被看作是一种施工手段。事实上，对建筑产业化的转型升级涉及理念的转变、模式的转型和路径的创新，是一个全局性、系统性的变革过程。

（一）建筑体系论

1. 建筑通用体系

在建筑生产领域，建造建筑整体的体系称为总体系，局部的体系称为子体系。不是为特定的建筑，而是任何建筑都可以使用的子体系称作子体系的通用化，将通用化子体系集成构成的总体系称为通用体系。将子体系通用化的主要目标是抽取多数共通的子体系，使之工业化，各建筑通过选择子体系，可以获得低造价和多样化。通用体系对象是所有的建筑，但建筑中需求量最大的是住宅，因此首先考虑住宅领域。在住宅工业化发展面前，通用体系是以通用构配件为基础，进行多样化房屋的组合的一种体系，设计易于做多样化，且构配件的使用量大，便于组织专业化大批量生产。

2. OB+SI 建筑体系

OB（Open Building）开放建筑理论被认为建筑工业化发展的重要理论基础，是涉及设计理念、体系构建、技术集成等方面的综合性建筑体系，与建筑相关的科学、技术、经济和社会等诸多领域相关联。其独特性在于以工业化的建造方式解决多样化的居住需求，即在工业化住宅的建设过程中，提倡居住者参与，体现了将理性思维（严密的逻辑体系）与感性设计（居住者参与）相协调，活用工业化技术，形成一种开放式建设模式。SI（Skeleton and Infill）建筑体系是日本在 OB 基础上，将支撑体和填充体分离体系与集成技术开发应用达到一个新的层次，对于当代建筑工业化发展产生深远影响。

3. 建筑标准化体系

标准化是建筑生产工业化的前提条件。包括建筑设计的标准化、建筑体系的定型化、建筑部品的通用化和系列化。建筑标准化就是在设计中按照一定的模数标准规范构件和产品，形成标准化、系列化的部品，减少设计的随意性，并简化施工手段，以便于建筑产品能够进行成批生产。建筑标准化是建筑产业化现代化的基础。

（二）设计建造论

1. 主体工业化

主体工业化包括预制装配整体式混凝土（PC）结构、钢结构、钢混组合结构 、木（钢木）结构技术等。主体工业化通常是指主体结构构件采用预制的方法，在现场进行装配式施工。其主要特征为：工厂化批量预制、机械化施工，现场湿作业少，具有施工快、质量好、节省材料和人工的优点。主体工业化建造方式能提供高品质、高耐久、节能环保的建筑成品，解决长期以来建筑业存在的各种各样寿命与质量问题。由于工厂生产可以按照一定的作业流程和严格的工艺标准控制产品生产质量，容易满足质量标准要求，现场吊装和少量节点连接作业可大大降低现场工人的工作量和劳动强度，为保证施工质量创造了良好的条件。

2. 内装工业化

内装工业化主要体现在工业化装修和内装部品化两方面。以内装工业化整合住宅内装部品体系，住宅部品的集成进一步使住宅生产达到工业化。内装工业化具有多方面优势，一是部品在工厂制作，现场采用干式作业，可以全面保证产品质量和性能；二是提高劳动生产率，缩短建设周期、节省大量人工和管理费用，降低住宅生产成本，综合效益明显；三是采用集成部品装配化生产，有效解决施工生产的误差和模数接口问题，可推动产业化技术发展与工业化生产和管理；四是便于维护，降低了后期的运营维护难度，为部品全寿命期更新创造了可能；五是节能环保，减少原材料的浪费，施工的噪声粉尘和建筑垃圾等环境污染也大为减少。在当前我国建筑产业化的背景下，建筑部品体系是实现建筑产业化的关键，建筑部品的标准化是推进建筑产业化的基础。搞好部品标准化建设、实现部品通用化，生产、供应的社会化，才能保证建筑工业化的实现。

3. 生产集成论

（1）技术制造精益化

精益制造技术，将“精益思想”在建筑业加以改造和应用，彻底消除建筑施工过程中的浪费和不确定性，最大限度的满足顾客要求，从而实现建筑企业的利润最大化。相比制造业，建筑业产品质量和生产率均较低，为了适应新型建筑工业化技术发展的需要，需要精益制造技术这一种新型的工程项目管理理论，从工程项目的全局出发对工程项目实施的全过程进行科学、系统的管理，克服以前的项目管理理论存在的缺陷。精益制造是适应于新型建筑工业化生产的创新建造模式。

（2）生产施工集约化

施工集约化既能使目前已形成的钢筋混凝土现浇体系的质量安全和效益得到提升，更是推进建筑生产工业化的前提。它将标准化的设计和定型化的建筑中间投入产品的生产、运输、安装，运用机械化、自动化生产方式来完成，从而达到减轻工人劳动强度、有效缩短工期的目的。随着经济全球化，建筑工业化的生产作业机械化必须将国际化与本土化、专业化进行有机融合，将建筑产品生产过程中各个环节通过统一的、科学的组织管理加以综合协调，以项目利益相关者满意为标志，达到提高投资效益的目的。同时，随着建筑业科技含量的提高，繁重的体力劳动将逐步减少，复杂的技能型操作工序将大幅度增加，对项目管理人员和操作工人的技术能力也提出了更高的要求。

（3）全产业链集成化

借助于信息技术手段，用整体综合集成的方法把工程建设的全部过程组织起来，使设计、采购、施工、机械设备和劳动力实现资源配置更加优化组合，采用工程总承包的组织管理模式，在有限的时间内发挥最有效的作用，提高资源的利用效率，创造更大的效用价值。BIM，“建筑信息模型”(Building Information Model) 的简称。要实现对基于 BIM 的工业化建筑全寿命信息化管理，首先需要进行信息分类存储。在建筑信息模型（BIM）中，构件不仅具有几何属性，还具有一些非几何属性，如材料的耐火等级，材料的传热系数，构件的造价，采购信息、重量、受力状况等等。构件的参数有 3D 描述参数、空间位置参数、物理量参数、标识参数、材质参数、受力分析模型等，以数据库的形式储存的，可以贯穿于整个项目周期。建筑的空间关系、构件的几何信息、构件的材料信息、构件的荷载信息、甚至包括构件的材料供应商信息等，不同的参与方能够方便的从中提取自己所需的信息，这种设计理念和传统的二维设计有了本质的不同。

二、国内外研究动态

（一）建筑体系论

1. 建筑通用体系

（1）国外研究

西方发达国家注重采用工业化生产的新型思路，加紧建筑体系和相关集成技术的研发工作，建筑建设实现了从数量阶段到质量阶段的剧变。各国以专业化的生产方式，将建筑部品加以装配集成为具有优良性能产品的建筑体系。纵观产业化发达的国家，各国由于经济状况、政治体制、技术条件、市场成熟度等方面的差异，走上了不同的工业化道路。

尽管不同的国家建筑工业化发展情况及体系标准有所区别，但整体上已积累比较丰富的经验，形成相对成熟的体系，这既包括对既有工业化住宅的改造也包括利用工业化构配件进行的建筑更新。同时，由于商品经济和市场的发展，由于居民生活水平提高的要求，部品和设备的重要性逐步显现，欧美各国或发展独立的设备体系和大型部品如卫浴单元等，或将设备体系集成在结构体系之内，部品经历了长足的发展，重要性逐渐凸显。为协调建筑体系的整体建造，模数协调和通用体制的必要性逐渐显现，各国通过政策或者市场、企业的方式发展通用体系或者统一模数协调标准。不断成熟的技术也在推动住宅工业化、产业化的持续发展，同时利于建筑节能、降低物耗、降低对环境压力以及资源的循环利用。

建筑通用体系可通过整合工业化基础，能够有效提高住宅品质，延长住宅寿命，实现建筑产业的转型升级和全面发展。纵观国外建筑工业化成熟的国家，无不推行国家层面就能够被行业内认知的建筑通用体系。如日本从上世纪 70 年代以 KEP 住宅部品合成设计方式实现灵活可变居住空间、NPS 多样化住宅标准体系建立，到 80 年代 CHS 百年住宅体系形成，逐步构建了住宅工业化建设体系。90 年代末 SI 实现了一种开放性的设计理念和设计方法，同时也代表了一种适应性内装工业化体系。进入21世纪，基于SI体系和可持续发展理念的KSI住宅，将早期支撑体体系和开放建筑的“个别设计”转化为“通用设计”。200年住宅构想的提出和综合评价制度的建立，不断完善SI体系，使可持续住宅长寿化得以实现。

（2）国内研究

我国对通用体系的研究最早见于姚国华先生1983年编译的《建筑工业化通用体系》（日本，内田详哉著）。实现建筑工业化需要成工业化的生产体系，针对建筑产品不易定型、施工分散，不利于组织工业化生产等特点，把建筑物作为定型产品对房屋的设计、建筑材料的生产供给、部品的制作、现场施工安装及组织管理等各个环节，按工业化生产的要求通盘考虑，综合研究、配套地应用新技术，以取得最优秀的综合技术经济成果。随着国家“十一五”“十二五”宏观战略调整，在通用体系构建方面，因参与主体不同，开展的相关研究也有不同的侧重点，其成果主要包括了LC（LifeCycle Housing）体系。长寿化住宅LC体系以住宅全生命周期的理念为基础，建立了长寿化可持续住宅体系。基于对我国相关住宅建设课题的研究，同时借鉴国际先进的SI体系理念，力求满足多样化的可持续居住需求。通过在设计建造中考虑生产的集成性、居住的适应性和建筑的长效性，保证了居住品质、提高了住宅全生命周期的综合价值，实现了资源节约的可持续居住环境。目前，新型建筑工业化的通用体系得以在行业内确立和推广，其基本特征是将支撑体和填充体分离、以工业化的方式建造住宅。主要思想包括：建筑可变性、使用者参与决策、与工业化生产方式结合。这种新型体系以先进的制造方式为基础，建立了完善的理论支撑和技术支撑体系，代表了建筑产业的发展方向。

2. OB+SI 建筑体系

（1）国外研究

开放建筑的先导理论SAR支撑体住宅理论起源自20世纪60年代，以二战后欧洲逐渐回落的住宅建设及其带来的诸多问题为背景。SAR支撑体住宅理论将住宅中不变的结构主体发展为支撑体（Support），将灵活可变的非承重部分发展为可分单元（Detachable Unit），以期在同一个结构框架下实现丰富的居住空间。这一理论的诞生从设计和技术的角度解决了大量住宅建造所带来的简单复制的问题，以居住者的生活使用需求为出发点重新思考建筑设计，并规划出全新的设计策略和方法。

哈布瑞肯教授在经过20世纪60—70年代对SAR支撑体住宅理论研究后，系统化提出了开放建筑理论，划分了城市街区、建筑主体和可分体三个层级，分别对应了公（社会）、共（群体）和私（个人）。开放建筑的发展可以分为两个阶段。第一阶段是20世纪70年代，主要发展建筑层级的营建系统，以建筑主体设计作为提供个别空间自由变化的手段。第二阶段是20世纪80年代中后期，实现了由建筑层级的营建系统向室内的填充系统发展。第二阶段的发展，更考虑到如何契合全球的可持续发展方向，并与建筑工业化在同时期趋向于多样化塑造可变空间保持高度一致。当前，“开放建筑实践”已经成为了全世界建筑领域内的新议题。为了推动开放建筑不断改善建设流程和提高建筑功能，CIB 将研究所涉及的范围扩大到了与建筑相关的科学、技术、经济和社会等诸多领域中。

20 世纪末，开放建筑在日本得以进一步扩充。SI（Skeleton-Infill）住宅体系是指住宅的支撑体 S 和填充体 I 完全分离的住宅建设体系。SI 住宅继承和发扬了日本早期工业化住宅发展成果，并汲取了开放建筑的思想，在提高结构和主要部品耐久性、设备部品维护更新性、套内空间灵活可变与改造适应性三方面具有显著特征。近些年在开放建筑范畴内，日本开放建筑发展达到了新的高度，其 SI 住宅填充体体系与方法在国际上得以瞩目并广泛应用。内装部品产业化技术的发展，既保障了住宅的可变性和居住性能的提升，也使得住宅建设模式向长寿化和资源有效利用的可持续方向发展。

（2）国内研究

开端期（1980—1990）：我国对开放建筑的相关研究始于 20 世纪 80 年代，当时正是我国城市化建设、住房严重短缺的商品化改革时期，在建筑学界最先开始关注开放建筑。1981 年清华大学张守仪教授引进 SAR 支撑体住宅理论。次年，周士锷先生在《建筑学报》上发表了《在砖混体系住宅中应用 SAR 方法的讨论》。之后建筑学术刊物上对相关研究文章进行了刊登。1985 年东南大学鲍家声教授完成 SAR 理论在国内的第一个实践项目——无锡支撑体住宅设计，并于 1988 年出版著作《支撑体住宅》。90 年代以后北京、天津等地率先开始了对住宅空间灵活性与适应性实践。同期，香港大学贾倍思教授出版的《长效住宅——现代建宅新思维》和《居住空间适应性设计》对 SI 住宅体系可持续性内容进行了研究。

发展期（2000—2010）：2000 年是我国房地产大量开发时期、住房品质与技术发展时期，进入以借鉴日本产业化技术 SI 住宅体系为重点的开放建筑研究与实践新阶段。著作方面，2004 年大连理工大学范悦教授出版《21 世纪型住宅模式》，2007 年（日）清家刚先生的《可持续性住宅建设》译本引进，2009 年吴东航先生出版《日本住宅建设与产业化》。2010 年由住房和城乡建设部住宅产业化中心编制的《CSI 住宅建设技术导则》出版发行。结合国家“十一五”和“十二五”科技支撑计划课题研究，中日合作开始了 SI 体系与集成技术实践，先后完成了 2010 年北京雅世合金公寓（我国最早完整实现住宅支撑体和填充体分离的开放建筑实践）、2014 年北京众美光合原筑住宅（我国首次以公共租赁住房为对象进行保障性住房的工业化住宅通用体系与集成技术攻关），以及 2015 年上海绿地崴廉公馆住宅（中国房地产业协会首个“中国百年住宅”试点项目）等示范项目。

3. 建筑标准化体系

（1）国外研究

20 世纪 60 年代，欧洲住宅就逐渐采用了建筑设计标准化，建造了一批完整的、标准化、系列化的建筑住宅体系。80 年代后，住宅产业化开始注重住宅功能和多样化发展，住宅部品进一步工业化。瑞典 80% 的住宅采用以标准化通用部件为基础的住宅通用体系。法国 80 年代编制了《构件逻辑系统》，90 年代又编制了住宅通用软件 G5 软件系统，采用这套软件系统可以把任何一个建筑设计“转变”成为用工业化建筑部件进行设计而又不改变原设计的特点，尤其是建筑艺术方面的特点。丹麦是世界上第一个将模数法制化的国家，以发展“产品目录设计”为中心推动通用体系发展，主要的通用部件有混凝土预制楼板和墙板等主体结构构件。荷兰在 SAR 理论实践中，住宅虽形态各异，但一直采取标准化的支撑体来形成住宅结构主体，结构体的标准化设计在开放住宅的发展中一直受到重视，同时伴随建造技术的发展，结构体的耐久性得到很大提高。以日本芦屋浜高层住宅项目为例，所有的户型平面布置和结构构件布置均基于 900 × 900 的模数网格进行，一共设计出 12 种不同面积、不同布局的户型；同时，结构构件、内外墙等各种建筑部品的尺寸得以协调，并形成系列化的标准型号，使这些构件和部品可以在工厂批量生产。美国住宅用构件和部品的标准化、系列化及其专业化、商品化、社会化程度很高，几乎达到 100%，美国住宅工业化的特点是采用标准化、系列化的构件部品在现场进行机械化施工。模块住宅和工厂预制住宅是美国住宅建造高度工业化水平的代表。

（2）国内研究

我国早期的建筑设计标准化主要反映在建筑尺寸的配合关系上，第二次世界大战后，为解决房荒问题，推行建筑生产的工业化，建筑设计标准化工作得到很大发展。我国自 50 年代以来，编制了许多种建筑标准设计图集，制定一些技术标准，如《建筑统一模数制》《建筑制图标准》和《建筑安装工程质量评定标准》等。建筑标准化的目的是合理利用原材料，促进构配件的通用性和互换性，实现建筑工业化。

我国建筑标准化的基础工作是制定标准，包括技术标准、经济标准和管理标准。其中技术标准包括基础标准、方法标准、产品标准和安全卫生标准等，应用最广。建筑设计标准化要求建立完善的标准化体系，其中包括建筑构配件、零部件、制品、材料、工程和卫生技术设备以及建筑物和它的各部位的统一参数，从而实现产品的通用化、系列化。建筑标准化工作还要求提高建筑多样化的水平，以满足各种功能的要求，适应美化和丰富城市景观并反映时代精神和民族特色的需要。

（二）设计建造论

1. 主体工业化

（1）国外研究

国外预制装配式混凝土建筑在西欧、北美、澳洲应用较为广泛。研究也较为成熟和深入，在亚洲，日本处于领先地位，如日本的预制建筑技术集成系列丛书《预制建筑总论》，社团法人预制建筑协会编著。近二十年来，材料工业的发展、加工机具的进步使得预制装配式混凝土技术得以继续发展，如高强钢筋大大改进了预制构件的性能，纤维复合筋和环氧涂层钢筋等可以有效地提高结构的极限承载力，改善结构的耐久性等。预制装配式混凝土框架结构的应用变的相对广泛，如商业建筑、停车场、多层住宅及学校等。

（2）国内研究

目前国内建筑工业化大多集中在发展预制装配式钢筋混凝土结构，装配式工业化建造建筑与工程结构代表了发展的总体趋势，从 50 年代开始的整体式和块拼式预制混凝土构件，到 70 年代的后张预应力装配式结构体系，80 年代沿用至今的预制装配式混凝土框架体系，再到 90 年代至今的以大地和万科集团为代表的“创新型”预制装配式混凝土框架结构体系。目前高校和企业已经逐步研发了适合我国国情的一整套技术体系（包括设计软件，技术规程，图集和施工工法等），并在抗震设计，节点构造，施工安装等领域取得多项国家专利，初步形成了该体系的整套技术，也落实了一些示范工程项目。但总体而言，我国的预制装配式混凝土结构未能形成完善的技术体系，研究对象单一，研究深度不够，应用前景堪忧。

2. 内装工业化

（1）国外研究

日本住宅全装修始于 20 世纪 60 年代初期，住宅全装修产业化与住宅产业化同步发展。当时，由于住宅需求急剧增加，而建筑技术人员和熟练工人明显不足，为使现场施工简化，提高产品质量和效率，日本对住宅整体（包括装修）实行部品化、批量化生产。70 年代，住宅装修改造、节能建筑技术进一步推广，日本住宅产业进入成熟时期。设立工业化住宅性能认证制度，以保证工业化住宅的质量和功能。80 年代中期，设立优良住宅部品认证制度。到 90 年代，开始采用工业化方式生产住宅通用部品，其中 1418 类部品取得“优良住宅部品认证”。日本所有在售住宅都是全装修房。日本对住宅建设规定了明确的居住水平和居住环境水平要求，早已超越全装修房的初级发展层面。目前日本住宅部品工业化、社会化生产的产品标准十分齐全，占标准总数的 80% 以上，部品尺寸和功能标准都已形成体系。

美国物质技术基础较好，商品经济发达，且未出现过欧洲国家在第二次世界大战后曾经遇到的房荒问题，因此其住宅及装修产业化已达到较高水平。这不仅反映在主体结构构件的通用化上，而且也反映在各类部品和设备的社会化生产和商品化供应上。住宅用构件和部品大多实现了标准化、系列化，除工厂生产的活动房屋（Mobile home）和成套供应的木框架结构预制构配件外，其他混凝土构件与制品、轻质板材、室内外装修以及设备等产品都十分丰富，数量达几万种。用户可以通过产品目录，从市场上自由购买所需产品。同时各种产品各具特色，实现了标准化和多样化之间的协调发展。

法国是世界上推行建筑工业化最早的国家之一。进入 20 世纪 90 年代，法国住宅装修在饰面处理多样化、施工质量稳定等方面取得很大进展。法国多层和高层集合式住宅基本上没有毛坯房，其装修特点是“轻硬装，重软装”。

国外发达国家发展住宅全装修具有如下几个特征，一是土建装修不分离，住宅基本上都是一次到位的全装修房，室内装修设计从属于建筑设计范围，不区分建筑设计师与室内设计师。二是内装工业化与主体工业化并行，实现了工业化装修，现场基本干作业施工，消除了湿作业。三是部品化程度高，部品基本实现集成化、标准化、系列化。四是主体结构与设备装修工程分离。

（2）国内研究

早在建国初期，我国就把部品的模数协调工作放在重要的位置。自 1963 年起至今，我国已经建立有一系列的有关模数的标准，包括《建筑模数协调标准》、《住宅厨房模数协调标准》《住宅卫生间模数协调标准》等，但在实践应用方面与国外先进水平相比有较大的差距。目前，我国在建筑部品工业化方面取得一定发展，形成建筑结构、围护结构、内装装修、厨卫系统、保温隔热、居住环境、新能源等 10 大部品标准化技术体系，开展相关示范工程，并建立了部分部品和相关技术的产业化基地等。20 世纪 80 年代，经济社会的进步为内装工业的发展提供了条件，国内引进国外先进的工业化体系，学习日本等国家的前沿技术与工艺，将住宅内装与结构体分离设计。早期对于内装部品标准化的研究是与支撑体一起进行的，比如 1980 年天津住宅标准设计的研究。随着住宅产业化的推进，部分住宅开发企业及住宅部品制造商在内装工业化方面不断尝试，在内装部品的规模化、产业化、技术革新等方面有了一定突破。1999 年，国务院办公厅转发八部委《关于推进住宅产业现代化提高住宅质量的若干意见》中，首次提出“加强对住宅装修的管理，积极推广一次性装修或菜单式装修模式，避免二次装修造成的破坏结构、浪费和扰民等现象”；2002 年，《商品住宅装修一次到位实施导则》(建住房〔2002〕190 号)发布（以下简称《实施导则》)，从住宅开发、装修设计、材料和部品的选用、装修施工等多方面提出指导意见建议。2008 年，住建部下发《关于进一步加强住宅装饰装修管理的通知》(建质〔2008〕133 号)，进一步指出要完善扶持政策，推广全装修住房。明确要求要结合本地实际，科学规划，分步实施，逐步达到取消毛坯房，直接向消费者提供全装修成品房的目标。

（三）生产集成论

1. 技术制造精益化

（1）国外研究

精益制造技术，Lauris Koskela 在 1992 年提出要将制造业的生产原则包括精益生产等应用到建筑业，并于 1993 年在 IGLC(International Group of Lean Construction) 大会上首次提出“精益建造”(Lean Construction) 概念。随后世界上许多学者、机构和建筑公司纷纷投入这一领域的研究，其中 IGLC 和 LCI(Lean Construction Institute) 两大组织已成为精益制造研究的重要推行者和研究基地。通过精益制造理论倡导者十多年的不懈努力，精益制造理论日益丰富，主要应用在了建筑生产计划和控制、建筑产品开发和设计、项目供应链管理和工业化预制件和开放型工程项目实施中。

（2）国内研究

到目前为止，精益制造的思想与技术已经在英、美、日、芬兰、丹麦、新加坡、韩国、澳大利亚、巴西、智利、秘鲁等国工业化建筑中得到广泛的实践与研究。很多实施精益制造的建筑企业已经取得了显著的效益，如建造时间缩短、工程变更和索赔减少以及项目成本下降等。目前精益思想在我国建筑行业的运用研究非常少，还停留在学术研究层面，没有得到实践应用及检验。

2. 生产施工集约化

（1）国外研究

在施工工艺与工法方面，发达国家很早地就认识到重大工程建设中施工工艺与工法研究的重要性，在基础理论与应用技术方面展开了研究，利用新颖的施工技术与工艺，顺利组织实施了一大批著名的工程如：美国路易斯安那州全长达 38.42 公里的庞恰特雷恩湖 2 号桥、日本主跨度为 1991 米明石海峡悬索桥、建于 1997 年的西班牙毕尔巴鄂的古根海姆博物馆和能停放 700 辆汽车的法国斯特拉斯堡停车场等。在大型构件生产、整体提升的快速集成柔性施工装备方面，国外许多顶尖的工程机械巨头如英国多门朗、德国克虏伯和美国实用动力等公司都纷纷展开了研究和开发，研发了许多针对一些重大工程建设的专用制造和施工装备，产品专用性强。在施工装备的节能与环保方面，国外许多著名公司都积极开发了相关技术与装备。为提高产品的节能效果和满足日益苛刻的环保要求，国外工程机械公司主要从降低发动机排放、提高液压系统效率和减振、降噪等方面入手。

（2）国内研究

与发达国家相比，我国在工业化建筑施工技术与装备研发方面明显滞后，缺乏系统和综合的基础性研究，仅有的分散、局部的研究成果也未能很好的推广应用于工程实际。重大工程施工技术与制造装配装备在施工工艺创新、复杂施工装备系统的快速集成设计和面向重大工程建设的工程安全监测与风险评估等方面的研究成果转化都还未形成合力，许多最新科研成果未能及时有效地大规模推广应用到实际工程建设中。

3. 全产业链集成化

（1）国外研究

BIM 是“建筑信息模型”(Building Information Model) 的简称，是由美国乔治亚技术学院 (Georgia Tech College) 建筑与计算机专业的 Chuck Eastman 博士于 30 年前提出的。要实现对基于 BIM 的工业化建筑全寿命信息化管理，首先需要进行信息分类存储。

目前建设工程领域普遍接受和应用的 BIM 数据标准是由国际协同工作联盟制定的 IFC 标准。国际标准组织设施信息委员会 (Facilities Information Council) 认为，建筑信息模型（Building Information Model）是利用开放的行业标准——IFC 标准。IFC 标准在横向上支持各应用系统之间的数据交换，在纵向上解决建筑全生命周期的数据管理。通过 IFC 标准，项目中用到的不同软件之间都能保持高度的兼容性，相互之间的数据可以共享和交流，从而保证建筑信息模型的完整性、准确性和系统性。通过使用IFC标准，基于一个IFC模型，在其上建立不同的接口，从而调用各种能耗分析软件是未来发展的趋势，将推广能耗模拟软件在建筑整个生命周期中的应用。

（2）国内研究

与国外相比，我国在BIM技术的发展中处于落后地位，工程信息化水平偏低，但国内在BIM技术发展中也取得了一定成绩，中国建科院、清华大学等单位在我国的BIM技术发展中做出了较大贡献，同时各地方政府也不断推行BIM技术的推广应用。BIM技术未来在我国将迎来巨大的进展。

三、关键科学和技术问题分析

（一）建筑工业化的建筑体系理论方法

1. 关键科学问题

建筑工业化的集成论中，重点在于构建建筑工业化通用体系，明确OB+SI理论与体系的价值导向，以及采用建筑设计标准化的原理。以发展我国建筑产业现代化为目标，通过建筑工业化生产建造方式，将住宅按照工业化建造体系划分为系统性的、可实现工厂预制和现场装配的通用化体系。因此构建新型建筑工业化通用体系是建筑工业化发展基础。

2. 核心技术

（1）新型建筑工业化通用体系

（2）新型建筑工业化通用体系的子系统

（3）标准化设计体系

（4）建筑工业化中的标准化与多样化协调

（5）理论研究、技术研发与实践转换

（二）建筑工业化的设计建造理论方法

1. 关键科学问题

具有耐久性的结构主体是建筑工业化的基础和前提，提高了建筑在全寿命期内的资产价值。建筑可持续发展建设依赖于建筑主体结构的坚固性。具有耐久性的结构主体部分大幅增加了主体结构的安全系数。日本SI住宅体系通过支撑体划分套内界限，也为实现可变居住空间创造了有利条件。支撑体S（Skeleton原指骨架体，广义为支撑体）指住宅的主体结构（梁、板、柱、承重墙）、共用部分设备管线，以及公共走廊和公共楼电梯等公共部分，具有100年以上的耐久性。支撑体属于公共部分，是住宅所有居住者的共有财产，其设计决策权属于开发方与设计方。公共部分的管理和维护由物业方提供。

具有灵活性与适应性的内装部品是建筑工业化的发展途径，提高了在建筑全寿命期内的使用价值。建筑可持续发展建设需要首先考虑人的因素，以使用者的需求为出发点，平衡建筑的功能与形式。灵活性与适应性的内装部品使建筑内部空间长期处于动态平衡之中。可以根据使用者不同的使用需求，或者建筑不同的功能需求，对内装部品部分进行“私人定制”。

2. 核心技术

（1）结构主体耐久性技术

（2）内装部品灵活性与适应性技术

（3）外围护长寿化技术

（4）部品库与菜单式供给系统

（5）主体、内装与设备设施协调

（三）建筑工业化的生产集成理论方法

1. 关键科学问题

建筑构件的工厂预制和现场装配，是基于OB+SI体系的建筑工业化在生产实践中的最基本特征。工厂预制并非简单的按需生产，而是基于统一的模数协调体系和通用设计体系，是具有大批量反复再生产价值的工厂预制模式。其对于建筑工业化最大意义在于确保了体系内的各类构件生产的精确性，进一步保证其兼容性，以至于未来长期使用中构件的可更换性。而现场装配则是在构件完全工厂预制的基础上，以及严密的设计逻辑下的高效性生产模式，是适应性、灵活性以及可更换性的根本保证。

工业化装修方面，传统建造方式在我国的发展已经根深蒂固，大量湿作业及手工操作带来了资源能源消耗、人力物力浪费，严重制约了我国建筑可持续发展。加之，住宅建设往往只重主体，而轻内装，导致毛坯房长期占领我国住宅市场。建筑工业化生产倡导可持续性建设，促进建筑建造生产模式从手工操作为主转向工业化生产为主，从单件生产转向大规模制造，从传统施工现场“湿作业”转向集成式预制装配“干作业”。

BIM集成化信息技术应用方面，理念是要实现工程项目各个阶段、不同专业之间的信息集成和共享。但由于工程项目涉及领域广，信息建模和模型维护时间跨度长，导致信息数据多而杂，且不同阶段不同专业对于数据信息的需求也不同，现有的技术很难实现整体建模的一步到位。工业化住宅产业链条长，涉及相关行业和环节多。工业化钢结构住宅建设从立项、设计、施工、销售到物业管理的每个阶段的管理与技术水平都将影响整个项目的管理质量。

2. 核心技术

（1）建筑构件工厂预制

（2）建筑构件现场装配

（3）土建装修一体化

（4）精益制造技术

（5）BIM 集成化信息技术

四、发展路径与重点任务

（一）建筑体系论方面

1. 建筑通用体系

在我国当前量大面广的住宅建设中，应大力创建具有普适性和可操作性强的新型建筑工业化的通用体系，这也将成为当前我国建设发展方式转变的科技攻关目标。建立装配式建筑的设计、构配件生产、施工、装修、质量检验和工程验收的技术标准体系，完善模数协调、建筑部品协调等技术标准。推广应用建筑产业现代化的建筑标准设计，重点加强居住建筑设计标准化工作。鼓励编制和修订适用于建筑产业现代化发展的产品标准、标准图集、通用产品和设备手册、技术指南等。

2. 建筑构法体系

对于构建我国建筑产业化通用体系与构法体系，仍需要建筑学界和业界深入挖掘理论精髓，引进其更先进的构法体系。应对当前可持续发展时代背景下我国建筑产业化普遍存在的资源能源消耗、建筑短寿化和建筑工业化转型问题，更需要围绕可持续建设做出适宜调整。使得建筑的寿命周期得以延续，将满足现实的、局部的需求同未来的、整体的发展相契合，保证了建筑建设与城市、经济、社会发展的协调。

（二）设计建造论方面

1. 主体结构设计建造技术

积极发展装配式混凝土结构、钢结构和木结构等建筑结构体系。推广应用装配整体式剪力墙结构、装配整体式框架结构、装配式整体式框架－现浇剪力墙结构等混凝土结构体系。推广适用于居住建筑的钢结构和木结构建筑结构体系。推广应用适用于农村和城镇的低多层装配式建筑结构技术体系。研究安全可靠的构件连接技术及检测技术。研究并推广应用装配式建筑结构体系的复合保温墙板技术，在严寒寒冷地区推广应用复合夹心保温墙板。

2. 内装设计建造技术

积极发展内装修、外围护结构和管线设备集成等建筑部品技术体系。大力推进建材部品化与部品通用化技术研究，建立建筑部品认证体系。重点推广内装修部品装配式装修技术，加强装配式隔墙、吊顶和地面等部品技术开发，完善整体卫浴和厨房等部品模块化应用技术。发展新型装配式外墙板、集成化门窗和遮阳等外围护结构部品技术。加快管线设备部品集成技术研究，开发集成管井和管箱等部品技术。

（三）生产集成论方面

1. 制造精益化技术

精益制造理论和技术的研究应贴合建筑工业化的生产和控制研究，进行建筑生产系统设计。有效提高建筑工业化预制件和开放型工程项目实施的综合质量和建造精度，在安全、质量与环境方面做出积极贡献。同时，加强对项目供应链管理研究。

2. 施工与工法集成化技术

积极发展产业化专用配套的新工艺、新材料和新装备。重点研发推广先进适用的工业化生产成套装备、模具、预制构件运输设备，装配化施工专用设备及施工机具，包括起重与安装设备、安全防护设备、工具化模板支撑体系等。加强部品预埋件、连接件、连接材料等材料及技术的研发应用。加快发展施工安装成套技术、安全防护技术、施工质量检验技术，完善工业化生产、装配化施工工艺工法。

3. 信息与管理集成化技术

加快推动建筑产业的信息化和工业化深度融合，推进建筑信息模型（BIM）、基于网络的协同工作等信息技术在工程中的应用，推进智能化生产、运输和装配，强化虚拟建造技术的应用和管理。集成应用互联网、物联网和管理信息系统等信息技术，大力开展基于BIM技术下的标准化建筑工程构件数据库和部品数据库建设，加强全寿命期性能分析研究应用，建立多参与方高效协同的一体化（云）服务平台。

五、政策和措施建议

1. 建筑学教育的转型探索

当代建筑学教育体系概略主要分为：布扎、包豪斯和建构3个体系。国内高校的建筑学教育体系由西方引入，早期主要为布扎体系，现行的建筑学教育主体为包豪斯体系，由于深受布扎体系中艺术精英思想的影响，在现代建筑学教学中呈现出较为强烈的艺术创作倾向。这就导致了建筑行业几十年来的一个现象，建筑师一直在建筑工程项目中扮演“龙头”的角色，其他专业的工程师某种意义上来说是为建筑师“服务”的。这种关系可以概括为，建筑师主要负责和客户沟通，出具设计图纸，并做好与其他工程师的协调工作，施工者主要负责将图纸付诸实现，其他专业工程师则负责给建筑配套必需的设备和构件。建筑师理所当然地认为建筑师主要是负责设计，不会负责后续的建设，后续的建设活动会由其他专业的工程师负责完成，即使关注，也只是专业协同的角度来配合各专业完成专项设计。

在建筑产业现代化背景下的建筑工业化发展趋势中，建筑师角色上的转变，以及所有专业之间的配合模式发生了根本性变化。这就需要当代建筑学教育进行适时调整，引导学生更理性化的认识建筑学科，突破传统的单项式设计流程和模式，转变为多专业、全领域的协同设计模式。并行考虑主体与内装，建造与运维，统筹建筑工业化中的各个环节。

2. 建筑工业化专业人才教育

目前对建筑工业化的研究大多集中在五个方面，一是政策法规方面，二是技术规范标准方面，三是信息技术及应用技术方面，四是经济成本方面，五是市场环境方面。然后很少有研究关注建筑教育方面，建筑师在新型建筑工业化发展战略中扮演着不可或缺的角色，建筑师的意识形态和行为准则对于建筑工业化发展的进程也起到至关重要的作用。拓展目前建筑学科的知识结构体系，培养符合新型建筑工业化背景下的新型建筑学人才的意义不言而喻。

新型建筑工业化的发展战略是以健康环境，和谐社会和实体经济为目标和出发点，用建筑产品研发模式替代建筑作品设计模式来创造具有工业化建造特征，高标准的建筑性能，兼具深层次美学需求和历史文脉的建筑。这种战略路线可以高效整合，控制和管理标准化设计、工厂化生产、装配化施工、一体化装修和信息化管理。从而使得建筑在设计、生产、施工、开发等环节形成完整的、有机的产业链，真正实现新型建筑工业化，产业化，城镇化，信息化，从而实现健康的环境，持续的经济和和谐的社会的目标。

新型建筑工业化的发展战略目标是构建建筑工业化背景下的新型建筑学，培养支撑城乡建设可持续发展的新型建筑学人才，这一点至关重要。在中国建筑业面临着由粗放型向可持续性发展的重大转变的时期，新型工业化是促进这一转变的重要途径，建筑院校要引领建筑工业化领域的发展方向，同时，建筑师需要从思想观念上重视建造、施工乃至制造业等跨学科方面的知识背景和专业技能，而这些通常容易被传统建筑学教育所忽视。反思，拓展和更新建筑学知识和教育体系将有利于及时地为建设行业培养新型建筑学人才，推动建筑工业化向前发展。

六、发展趋势与展望

从 20 世纪的世界建筑产业现代化发展历程来看，是以先进的建筑技术体系的转型和革新进步为基础，通过采用工业化生产建造方式，实现了建筑从数量阶段到质量阶段的剧变。西方发达国家采用建筑通用体系与建筑部品的集成化生产实现生产工业化。采用新型工业化建筑通用体系建造的工业化建筑，既能满足使用上的多样化需求，更能从根本上提高建筑的综合性能。加快建筑体系和相关集成技术的研发工作，建筑建设实现了从数量阶段到质量阶段的剧变。各国以专业化的生产方式，将建筑部品加以装配集成为具有优良性能产品的建筑体系。采用工业化的建筑体系可改变传统建造方式带来的施工劳动强度大、生产效率低、资源消耗大的弊端，全面提高建筑生产工业化水平。自哈布瑞肯在 20 世纪

60 年代提出开放建筑理论，将建筑分成“支撑体”和“填充体”两部分之后，促进了对填充件的开发和体系化方面大量的研究和实验。面对资源和环境的挑战，各国由于自身环境和国情的差异，形成了不同的发展路径，工业化水平较高的国家通过开发适应本国国情的体系，实现建造方式的转型升级。

由于历史背景的不同，各国的发展道路呈现不同的特点。虽然各国细微之处虽有不同，但建筑的规划和设计都有所改进，工业化建筑的设计水平大大提高。总体来说，有以下几个特点：

（1）从简单追求建设量到注重品质和可持续发展。

（2）部品和设备的重要性逐步显现。

（3）模数协调和通用体制的必要性逐渐显现。

（4）工业化建筑体系呈现地域性特征，符合居民生活习惯和发展状况。

从国际建筑工业化的发展历程来看，发展我国建筑产业化需要将建筑理论（OB+SI）和设计实践相契合，才能突破建筑工业化的发展瓶颈，为建筑产业化转型升级和住宅工业化建设在更广阔的范围内提供有力支撑。在进行大量建筑建造过程中，以建筑设计理念变革和建筑科学技术创新为先导，优化建筑业的生产方式和产业结构，从战略性的角度配置建筑产业资源，合理调整和协调产业链各个环节的内容，从而建设符合时代发展、满足市场需求的建筑。我国建筑工业化的发展是建立在建筑通用体系基础之上，结合我国实际情况进行的构建。并在设计、建造以及相关设备设施配置上先行考虑建筑生产方式、百姓居住方式和设备管线维护方式会对房屋造成的影响，以切实有效实现住宅长寿化目标。

参考文献

[1] 哈布瑞肯．变化：大众住宅的系统设计［M］．王明蘅，译．台湾：台湾省住宅及都市发展局，1989.

[2] 内田祥哉．建筑工业化通用体系［M］．姚国华，译．上海：上海科学技术出版社，1983.

[3] 鲍家声．支撑体住宅［M］．南京：江苏科学技术出版社，1990.

[4] 贾倍思．长效住宅——现代建宅新思维［M］．南京：东南大学出版社，1993.

[5] 贾倍思．居住空间适应性设计［M］．南京：东南大学出版社，1998.

[6] UR 都市机构．KSI——Kikou Skeleton and Infill Housing［M］．日本：UR 都市机构，2005.

[7] 吴东航，章林伟．日本住宅建设与产业化［M］．北京：中国建筑工业出版社，2009.

[8] 胡惠琴．工业化住宅建造方式——《建筑生产的通用体系》编译［J］．建筑学报，2012（4）：37-43.

[9] 刘东卫．《SI 住宅与住房建设模式 理论 方法 案例》［M］．北京：中国建筑工业出版社，2016.

[10] 刘东卫．《SI 住宅与住房建设模式 体系 技术 图解》［M］．北京：中国建筑工业出版社，2016.

[11] 秦姗．基于 SI 体系的可持续住宅理论研究与设计实践［D］．北京：中国建筑设计研究院，2014.

[12] 吴良镛．广义建筑学［M］．北京：清华大学出版社，1989.

[13] 赵冠谦．2000 年的住宅［M］．北京：中国建筑工业出版社，1991.

[14] 吴焕加．20 世纪西方建筑史［M］．郑州：河南科学技术出版社，1998.

［15］彰国社．集合住宅实用设计指南［M］．刘东卫，译．北京：中国建筑工业出版社，2001.
［16］日本建筑学会．建筑设计资料集（居住篇）［M］．天津：天津大学出版社，2001.
［17］石氏克彦．多层集合住宅［M］．张丽丽，译．北京：中国建筑工业出版社，2001.
［18］夏锋，樊骅，丁泓．德国建筑工业化发展方向与特征［J］．住宅产业，2015（9）：68–74.
［19］娄述渝．法国工业化住宅设计与实践［M］．北京：中国建筑工业出版社，1986.
［20］童悦仲，娄乃琳，刘美霞．中外住宅产业对比［M］．北京：中国建筑工业出版社，2005.
［21］纪颖波．建筑工业化发展研究［M］．北京：中国建筑工业出版社，2011.
［22］蔡天然．住宅建筑工业化发展历程及其当代建筑设计的启示研究［D］．西安：西安建筑科技大学，2016.
［23］李忠富．住宅产业化论［M］．北京：科学出版社，2003.
［24］丁成章．工厂化制造住宅与住宅产业化［M］．北京：机械工业出版社，2004.
［25］邓卫，张杰，庄惟敏．中国城市住宅发展报告．2010—2011 年度［M］．北京：中国建筑工业出版社，2011.
［26］郭戈．住宅工业化发展脉络研究［D］．上海：同济大学，2009.
［27］刘延．探索新型建筑工业化的发展之路［J］．绿色施工，2012（11）：1–3
［28］丁沃沃．过渡与转换——对转型期建筑教育知识体系的思考［J］．建筑学报，2015（5）：1–4.
［29］丁沃沃．回归建筑本源：反思中国的建筑教育［J］．建筑师，2009（4）：85–92.
［30］顾大庆．中国的“鲍扎”建筑教育之历史沿革——移植、本土化和抵抗［J］．建筑师，2007（2）：5–15.
［31］张宏等．构件成形、定位、连接与空间和形式生成［M］．南京：东南大学出版社，2016.
［32］张宏，丛勐，张睿哲，等．一种预组装房屋系统的设计研发、改进与应用——建筑产品模式与新型建筑学构建［J］．新建筑，2017（5）.
［33］郭正兴，朱张峰．装配式混凝土剪力墙结构阶段性研究成果及应用［J］．施工技术，2014（22）：5–8.
［34］刘长春，张宏，淳庆．基于 SI 体系的工业化住宅模数协调应用研究［J］．建筑科学，2011，27（7）：59–61.
［35］严薇，曹永红，李国荣．装配式结构体系的发展与建筑工业化［J］．重庆建筑大学学报，2004（5）：33–36.
［36］姚兵．大力发展建筑机械租赁，推进新型建筑工业化进［J］．建筑时报，2012（9）：1–3.

撰稿人：韩冬青　刘东卫　张　宏　伍止超　罗佳宁
丛　勐　张军军　王海宁　张睿哲　秦　姗

ABSTRACTS

Comprehensive Report

Report on Advances in Architecture

The discipline of Architecture studies built facilities and their spaces, both inside and outside. Normally, it refers to the integration of the art and technology related to design and tectonics, which distinguishes itself from the technology of construction. Architecture is a holistic discipline with social, technological, and artistic characteristics. Its scope is expanded as social conditions evolve. Traditional Architecture studies the design of built facilities, building interiors, furniture, landscaping, cities, towns, and villages. As the discipline evolves, Urban and Rural Planning and Landscaping separate from Architecture and become two parallel Level-1 disciplines. However, in the context of the current social and economical development, these three disciplines will integrate into each other, which is a natural outcome of the expansion of the disciplinary scope.

Based on the latest development of Architecture in China and abroad, this project is divided into six subjects. For each subject, the state-of-the-art is reviewed, followed by an analysis of the future developmental trend. These subjects are: urban design in the context of new-type urbanization, architectural culture in globalization, sustainable development of building environments with a view toward global climate change, rural construction based on the coordinate development of urban and rural areas, digital technology for architecture in the information age, building industrialization in the context of industry modernization.

Urban design studies urban space and its creation, including people, nature, society, culture, space, and form. In the 21st century, urban design breaks away from its tradition and limitation of primarily studying urban space and its visual effects and starts focusing on culture, society, and urban vitality. Currently, the development of urban design in China is unprecedentedly active. Theoretical and methodological explorations are in parallel with the western world. Design and engineering practices and technological development show signs of surpassing. In terms of urban design theories and methodologies, China was first following the steps of developed countries such as the US and Japan and started establishing its own framework in the 1990s. Since 2000, the rapid urbanization and the change of needs for city and social development has provided plenty of practicing opportunities to urban design. Some new and systemic developments have emerged, including the paradigm shift to sustainability and low-carbon cities, the advancement of digital technology and its application, the influence of modern arts on urban design, etc. Compared with the developed countries, the urban design practice in China shows more varieties and tends to be larger in scale.

The discussion on the architectural culture has three levels of meaning: ① patterns and features shown by the internalization of social and cultural characteristics in architecture, ② how architecture affects people's spatial behavior and relationship, ③ systematic thinking, spreading, and theorizing of architectural tradition and modernity. Lately, the most discussed subjects include how to rethink critically the modernism and radical architectural culture and how to inherit and revive critically the architectural vernacularism and traditional architectural culture.

To cope with the climate change has become one of the central themes of Architecture. In the planning and design of urban spaces, measures include efficient development of land, energy efficiency, green transportation, ecological urban design, etc. In the urban environment, measures include emission reduction, flood management, sustainable landscape, etc. In the building environment, measures include comfortable indoor physical environments, energy efficient design, etc. While emphasizing on sustainability, the technology advancement should be parallel with and integrated into architectural and urban planning design. The keywords in this field include green, low-carbon, ecological, sustainable, etc. Although they are not exactly the same, they contain similar core ideas.

The problems of agriculture, farmers, and villages are one of the obstacles to China's economical and social development. The research on rural development is problem oriented and based on China's particular situations. The main research subjects include vernacular villages, new-type rural communities, rural management, rural tourism, relationship between urban and rural areas, rural revival, rural planning, etc. In the realm of buildings, the research is focused on vernacular residential buildings and expanded to cover groups of villages and green and energy efficient technologies. The theoretical and technological research in this field is heavily influenced by the central policy. Since 2006, China has been through a series of stages of rural development, which have made significant achievements and greatly promote the research and development.

Architectural design is closely linked with technological innovation. As the digital technology is introduced into the field of Architecture, its theory, methodology, and system are constantly evolving, bringing forth innovative and unique outcomes and explaining brand-new design ideas. Lately, the research is centered around these subjects, namely non-linear system theory and its integration into digital architecture, information and control theories and their influence on architectural design, digital fabrication, parametric design and algorithmic shape generation, Internet of Things, intelligent building environment, etc. With the full-scale and rapid urbanization in China, a large number of architectural projects have been designed and built with the assistance of digital technology. These projects have taken advantage of the latest development oi theories and technologies and practiced the ideas and beliefs of parametric design, digital tectonics, craftsmanship, vernacularism, environmental integration, etc. They have advanced the technology level of the entire building industry. Some of them have become landmark architecture.

The building industry is a pillar to the national economy. However, a series of problems still exist such as low production efficiency, high consumption of resources and energy, severe pollution, low durability, etc. Building industrialization is an effective means to solve those problems. Developed countries have taken different paths towards building industrialization, such as the highly mature wooden building system in the US and the pre-cast concrete building system in some European countries. Although the research and practice of industrialized buildings started in developed countries such as the US, Japan, Sweden, and Germany, China is rapidly catching up. Universities, research institutes, design companies, and construction companies have conducted research on design theory and methodology of building industrialization, industrialized structural systems, industrialized interior finishing systems, etc. The primary research tasks include the technical standards system of building industrialization, the industrialization of the main superstructure system, the industrialization of the building sub-systems, information and digital technology for building industrialization, etc.

Written by Wang Zhaoyu

Reports on Special Topics

Advances in Urban Design in the Context of New-type Urbanization

In the 21st century, along with the unprecedented urbanization process of China, quite many Chinese cities have experienced the rapid expansion of urban scale to different extents, with their functional structure, spatial environment, street-outline texture and social relations having undergone obvious changes, and a series of "urban diseases" having come into being. In the meantime, the intrinsic correlation of architectural and urban problems has been intensified gradually, and urban design has broken through the previous limitation which focused on the visual order of material space, and has entered a new phase marked by attention to humanistic, social and urban vigor. As a whole, the development of Chinese urban design assumes the following development trends: unprecedented activeness of academic exploration, the synchronization of exploration of theoretical methods with that of the West, the wide scope and large quantity of project practice and the late top-ranking of technical level.

In the current context marked by the abrupt development transformation of Chinese cities, the strategic research of Chinese urban design should focus on the trends assumed by such national strategies as "new urbanization" and "the Belt & Road" to urban development and environmental optimization, and conduct emphatic research on such key scientific and technological issues as the construction of a new system of urban design theory, the theory and method of green urban design, the characteristic protection and organic renewal of cities and the urban design theory and method based on information technology according to the development trend of urban design discipline and the intrinsic power of urban development transformation. Accordingly, we should construct a development path and technical method of urban design attaching equal importance to the foresighted, scientific and realistic nature.

In terms of policy and measure, we should emphasize "four large" principles and the brand-new "Chinese model" of "five transformation" interaction, correct the cognitive deviations of decision-makers in outlook on development, outlook on performance and servile attitude to foreign things, transform the development mode of cities, perfect the governance system of cities, and promote the optimization, perfection and governance ability of urban spatial environment through effective urban design, thus providing the support of necessary theoretical and technical methods for curing "urban diseases".

Nowadays, urban design is gradually subject to the challenge from multi-source data and environmental changes. This challenge involves such aspects as big data, artificial intelligence, machine learning and computer graphics. The development of the specialty of urban design will complete the important leapfrog "from digital acquisition to digital design; then from digital design to digital management", and assume a brand-new development age marked by the urban design based on man-machine interaction.

Written by Wang Jianguo, Xu Xiaodong, Bao Li, Zhang Yu, Zhu Yuan, Wang Zheng, Tang Bin, Gu Zhenhong, Deng Hao, Fei Yishan, Cai Kaizhen

Advances in Chinese Architectural Culture in Globalization

The article starts from the relationship between architectural culture and modern art with modernity background, discusses the three categories: tradition and modernity, differences and

identification, globalization and localization. Moreover, it analyses the context of architectural culture with regional practice, and presents the several proposals for the Chinese architectural culture development.

Written by Chang Qing

Advances in Building Environments with a View Toward Global Climate Change

Protection of the ecological environment has become a world-wide challenge for human development as the problems of global climate change deepen. In order to fulfill the commitment made by China in the Paris Agreement, research across many scientific domains has been directed toward understanding and easing the effects of climate change.One such domain is the Urban Built Environment, that is, the artificial urban buildings and infrastructure in which people live and pursue their various activities. Clearly, the Building Environment is an essential part of the Urban Built Environment. This report discusses four categories related to our Strategy：Urban Spatial Planning, Green Ecological Environment, Building Physical Environment, Disaster Prevention and Mitigation. These categories are further divided into 11 subcategories.Urban Spatial Planning：Ecological Urban Formand Ecological Block Form.Green Ecological Environment：Green Infrastructure and Green Landscape Design.Building Physical Environment：Building Energy Efficiency, Green Building, and Indoor/Outdoor Physical Environment. Disaster Prevention and Mitigation：Typhoon, Storm, Extremely High Temperature, and other mitigation. Inspired by previous studies, this report outlines the essential scientific issues, and proposes the core technologies related to these four categories, as well as the key tasks and development paths.Relevant regulatory policies and measures to support the implementation of our Strategy are also discussed.

Written by Zhang Qi, Song Kun, Zeng Jian, Chen Tian, Wang Lixiong, Cao Lei, Zang Xinyu, Xie Qi, Zhang Qinying, Hu Yike, Wang Qiao, Wang Miao, Ye Qing, Yang Dongdong, Xu Tao

Advances in Rural Construction Based on the Coordinate Development of Urban and Rural

The issues concerning agriculture, farmers and countryside are long-standing difficulties of the national economic and social development China. Since 2006, China had gone through a series of intensive measures to promote developments, including new socialist countryside, new rural community, beautiful countryside, traditional village, characteristic town, poverty alleviation housing and so on, and actively explores the rural construction model for China's national conditions. These efforts have made remarkable achievements, and also led to the upsurge of academic research on rural construction. At present, China is in the critical period of urbanization level exceeding 50% inflection point, and undergoing a great change in urban and rural structure and rapid population transfer. From the industry to the space system in rural areas is faced with restructuring and reconstruction. In the process of new-type urbanization, China's rural areas are in decline coexist with revival, and have opportunities coexist with crises. Under the background of coordinate development of urban and rural, rural construction has not only brought about new research areas, but also faced more complex challenges.

Based on sorting out domestic and foreign rural research process, current situation, law and dynamic, and main research hotspots in rural areas and their internal logic, the research mainly focuses on evolution and improvement of human settlements in rural areas, protection and inheritance of rural historical and cultural heritage, rural regional architecture and its construction technology, rural green building technology optimization, rural construction and governance and so on. This study suggests to understand the contradictions in this field by the law of rural development in the transition period. Combining rural decline, backward infrastructure, construction dislocation, lack of economic connotation, as well as the unstable rural system and other bottlenecks in the transition of urban and rural structure, the paper puts forward the key scientific and technical problems of rural construction, mainly including: ① To adapt the current dynamic transformation process, rural general planning principles, breakthrough core technologies and compilation methods should be studied; ② In the face of improving the great amout of the performance and quality of existing buildings in rural areas, construction methods and techniques of modern architecture with regional adaptability should be studied; ③ In the face of the basic pattern and new demand of urban and rural industrial transformation, the model of regional new residential building and construction of green construction technology system should be studied; ④ For the"empty-disusing"of rural environment, the green digestion and reuse model should be studied; ⑤ In the protection and inheritance of cultural heritage of local residential buildings, the mechanism of active protection and the elements of material culture should be studied.

Finally, based on the national strategic requirement and logic of policy management for rural construction, the study puts forward recent construction and development paths and key tasks of the rural construction in six aspects, such as food security, ecological security, social care, urban and rural co-ordination, green development and cultural heritage.

Written by Liu Jiaping, Lei Zhendong, Ma Yan, Chen Jingheng, Qu Wen, Cui Xiaoping

Advances in Digital Technology of Digital Architecture in Information Age

It is well known that the digital technology is integrated with architectural science at unprecedented speed. The rapid development of digital technology of architecture has greatly expanded the method of recognizing architecture and its environment, corresponding the method of design, and greatly influencing the building construction and relevant industry; meanwhile, it's also proposed new topic to architectural education. Equally, the digital architecture also considers "architecture as a kind of tectonic culture". The research and practice of digital architecture have distinct characteristic of multidisciplinary integration and interaction. It not only involves several issues of architecture, computer science and informatics, but the knowledge in respect of humanity, geography, energy and so on. This interdisciplinary teaching and research can not only help us expand the scope of vision, intensify the cooperation and exchanges among various disciplines, promote us to re-consider and explore how the architecture can get integrated with various new technologies so as to bring about more functional and sustainable designs.

Written by Li Biao, Hua Hao, Li Li, Tang Peng, Yu Gang

Advances in Industrialization Development Strategy for the Construction Industry under the Background of Industry Modernization

The construction industry is a pillar industry of China's national economy. The core of its industrialization is production industrialization. Industrially advanced countries have highly industrialized construction production while the research on the industrialization of China's construction industry was a late comer, and production industrialization is often regarded as a means of construction. In fact, the transformation and upgrading of the construction industry involves a change of concept, a transformation of pattern and an innovation of path, which is a global, systematic process of change. Seen from the development of international building industrialization, developing China's construction industry requires the construction theory (OB+SI) to fit in with design practice, to the extent of breaking the development bottleneck of the construction industry and providing strong support in a wider range for the transformation and upgrading of the construction industry and industrialized construction of residential buildings. During the construction of a large number of buildings, it is necessary to optimize the production and industrial structure of the construction industry led by a change of the building design concept and the scientific and technological innovation for the construction industry, allocate the construction resources from a strategic point of view, and reasonably adjust and coordinate all aspects of the industry chain, so as to construct buildings in line with the development of the times and the market demands. Under the background of the modernization of the construction industry, new building industrialization is about a change of traditional construction production in a way to achieve high efficiency, high quality, low resource consumption and low environmental impact of buildings and has significant economic benefits and social benefits as the development direction of China's construction industry in the future.

This research focuses on the theories of integration, construction and methodology on the industrialization development of the construction industry, and presents comprehensive discussions on the theories of integration, construction and methodology from research dynamics at home and abroad, analysis of key scientific and technical problems, development path and key tasks, suggestions on policies and measures, and development trend and prospect. The theory of integration aims to develop the modernization of China's construction industry, and divides residential buildings as per the industrial construction system into systematic, generic systems that enable factory prefabrication and on-site assembly based on the industrial production and construction of buildings. It focuses on creating a general system for construction industrialization, defining the value orientation of the OB+SI theory and system, and adopting the principle of standardization of building design. The theory of construction presents an analysis of two systems of construction industrialization from industrialization of the main structure and industrialization of interiors. Main structures of durability are the basis and preconditions for building industrialization and interior parts of flexibility and adaptability are the development path for building industrialization. The theory of production describes three aspects: lean construction technology, mechanized production operation and integrated whole industry chain. Research on the lean construction theory and technology fits in for the research on the production and control of building industrialization and can be used for the design of the building production system. Mechanized production operation focuses on the development of new processes, new materials and new equipment for industrialization. At the same time, in combination with the development trend of the construction industry at present and in the future, it is necessary to build a standardized database for the members of construction projects and database for components of construction projects and strengthen the performance analysis and application of the whole life cycle.

Written by Han Dongqing, Liu Dongwei, Zhang Hong, Wu Zhichao, Luo Jianing, Cong Meng, Zhang Junjun, Wang Haining, , Zhang Ruizhe, Qin Shan

索 引

G

H

J

K

L

M

N

O

P

Q

R

S

T

V

W

X

Y

Z